建筑节能常见问题分析

清华大学—太古地产
建筑节能与可持续发展联合研究中心 著

中国建筑工业出版社

图书在版编目（CIP）数据

建筑节能常见问题分析/清华大学—太古地产建筑节
能与可持续发展联合研究中心著. —北京：中国建筑
工业出版社，2015.7
ISBN 978-7-112-18230-5

Ⅰ.①建…　Ⅱ.①清…　Ⅲ.①建筑-节能-研究
Ⅳ.①TU111.4

中国版本图书馆 CIP 数据核字（2015）第 140028 号

本书根据章节具体内容分为上下两篇：概念篇和技术篇。其中概念篇：IDM（Integrated
Design and whole-process Management，集成设计与全过程管理）解决传统建筑项目管理模式存
在的常见问题，保证建筑在全生命周期处于最佳状态，即消耗最少建筑能耗及维护费用实现健
康舒适环境，具体解决方案是引入第三方顾问机构，在建筑项目的规划阶段至运行阶段，确定
设计能耗目标、过程严格控制及后期评估，实现建筑低能耗目的。技术篇：针对建筑方案、空
调及可再生能源系统节能设计时出现的常规问题，如围护结构保温设计、空调设备选型、冷机
冷凝热回收、空调水系统、排风热回收及太阳能综合利用等，以节能、高效为最终目标，通过
理论分析及实际调研相结合的方法对问题提出有效解决方案，对建筑及暖通空调专业从业人员
具有极其重要的指导作用。

＊　　　＊　　　＊

责任编辑：齐庆梅
责任设计：董建平
责任校对：李美娜　刘梦然

建筑节能常见问题分析
清华大学—太古地产
建筑节能与可持续发展联合研究中心　著

＊

中国建筑工业出版社出版、发行（北京西郊百万庄）
各地新华书店、建筑书店经销
霸州市顺浩图文科技发展有限公司制版
北京建筑工业印刷厂印刷

＊

开本：787×1092 毫米　1/16　印张：9　字数：214 千字
2015 年 8 月第一版　　2015 年 8 月第一次印刷
定价：**30.00 元**
ISBN 978-7-112-18230-5
（27449）

清华大学—太古地产
建筑节能与可持续发展联合研究中心

指导委员会

清华大学：康克军　姜培学　朱文一

太古地产：Guy Bradley　Gordon Ongley　Cary Chan

执行委员会

清华大学：江　亿　朱颖心　魏庆芃

太古地产：Cary Chan　YL Wu　Balda Wai

编写委员会

第1章　李晓锋　李　俊　马　杰
第2章　李晓锋　李　俊　马　杰
第3章　李晓锋　李　俊　马　杰
第4章　张　野　崔　宏　唐千喻
第5章　张　崎　燕　达　张　野　安晶晶
　　　　刘　烨　朱丹丹　江　亿
第6章　曾　臻　李晓锋
第7章　常　晟　马　杰
第8章　张　野　唐千喻
第9章　杨　卓　李晓锋
统　稿　刘　烨　秦建英

序 一

大型公共建筑、商业建筑是城市政治、经济、文化和社会活动的中心，其室内环境状况是决定这些建筑服务质量的主要因素，也是辨别此类建筑"档次"、"水平"的重要标志。同时，大型公共建筑、商业建筑又是建筑节能的重要对象。在我国，大型公共建筑、商业建筑单位面积的能耗一般是普通住宅的5～10倍。怎样营造大型公共建筑和商业建筑的室内环境，使其既满足各类活动的需要、舒适和适宜，又不消耗过多的能源，满足节能减排要求，就成为这类建筑建设和运行管理的主要目标。清华大学建筑节能研究中心自2005年成立以来就一直把这方面的工作作为主要的任务之一。从北京奥运场馆节能评估、国家机关办公建筑节能诊断，到全国各地大型公共建筑、商业建筑的用能分项计量研究等，结合多方面的工程任务，持续开展相关的调研、测试、分析和节能改造工作。

与太古地产的合作始于2007年。当时Cary Chan先生率香港楼宇运行管理访问团来清华，双方交流了在大型商业建筑运行管理方面的研究和实践心得，发现许多认识和看法出奇地一致。双方一拍即合，开始了在大型商业建筑节能方面的合作直至今天。最初的项目是香港"又一城"这一大型综合商厦的节能诊断与改造。经过四年持续的测试、研究和试探性改进，从冷站到末端，从水系统到风系统，运行电耗每年持续降低1000万到1500万度电，到2012年与开始工作之前的2007年相比，尽管年营业额和客流量大幅度增加，但年耗电量却降低了20%以上，按照单位面积年耗电量的指标进行考核，"又一城"成为香港地区同功能综合商厦能耗最低的楼盘之一。在"又一城"工作的基础上，在香港又相继完成了太古地产其他一些商业大厦的节能诊断和改造，获得了显著的节能效果，也对这类商业建筑的性能特点和运行管理问题有了更多的认识。自2011年开始，与太古地产的合作从香港逐步扩展到内地，从既有建筑的节能诊断进一步扩展到新建建筑的全过程节能管理。结合北京、上海、广州和成都的几个太古地产新建的综合商厦项目，清华大学建筑节能研究中心开始探讨采用集成设计与全过程管理IDM（Integrated Design and Whole-process Management）方法，在设计、施工和运行管理全过程通过多工种协作、各阶段协调的方法，把节能和保障环境质量的要求落实到建筑和机电系统的各个环节，从而使新建建筑尽快实现高品质、低能耗，并尽可能避免刚竣工就进行大量工程改造的现象。这一探索性工作目前也已经有所收获，使得相关的几个建设项目室内环境质量和能耗水平都处在国内同类项目的先进水平，所得到的经验将在即将开始的一些新建项目中全面应用。

太古地产在开始合作时就明确表示，希望双方的研究和实践不仅能有助于太古地产项目，更应该对全国和全球的大型商业地产项目有所贡献。清华大学建筑节能研究中心更是希望把所收获到的心得、体会向全社会推广。为此，在太古地产的倡议下，我们准备把这几年在合作中的一些研究成果陆续总结成书，回馈社会，作为太古地产和清华建筑节能研究中心所尽的一点社会责任。本书主要是介绍IDM理念和实施方法，以及对建筑和机电系统设计中一些问题的认识和分析。文中所涉及内容都是我们在合作的工程实践中所遇到的，也是目前社会上争论比较多的问题。有不少问题我们在一开始也有所困惑，经过对实际工程的调查测试，通过比较深入的模拟分析，对一些问题的本质有了较清晰的认识，其结果也已经直接应用到相关的工程实践中，并得到初步验证。希望通过这样一种交流方式表达我们对这些问题的看法，对同行有所启发，更希望国内各位同行能够对我们的这些初步结论提出不同意见、及至批评和指正。通过这种沟通、切磋和讨论，澄清这些业内尚属含糊不清的看法，把我们的大型商业建筑做得更好，为业主节资，为使用者营造更好的环境，为国家节能。

这几年的合作，收获最深的有两条：一是实践出真知，真正的理解和认识只能来源于对实际系统、实际运行状态的考察分析，这是书本、图纸和模拟所不可替代的。真实系统的状态是一切真知之源。二是效果为目标，无论改善室内环境还是节能，其终极目标一定是真实的运行效果。环境是否改善要有实际的环境测试结果检验，运行是否节能要由实际的运行能耗数据说话。任何标榜为节能的先进技术如果不能获得真实的节能与改善环境效果，都不能算数。这两条道理很简单，却是我们研究问题、判断真伪、确定方案中遵循的最重要原则，希望在这里与同行们分享。

最后感谢太古集团对我们这个合作项目的认可和持续支持，感谢太古地产多年来的精诚合作。清华大学建筑节能研究中心将持续地把这个合作项目进行下去，通过这样的活动认识大型商业地产的特点，掌握大型商业地产的规律，从技术路线和管理模式两方面为这类建筑项目的节能减排和室内环境营造探索出一条有效的途径，同时也为大型商业地产的发展做出一点贡献，这应该是我们合作双方的共同愿望。

于清华大学节能楼

2015. 8. 12

序　二

　　21世纪是一个全球经济快速发展的时代，也是传统能源面临枯竭的时代。建筑，人类工作生活的主要处所，据国际能源署（IEA）能源消费统计报告，建筑的能耗占世界终端能耗总量的35%，超过工业能耗、交通能耗所占的比例，成为全球能耗第一大户。建筑能耗的控制，对缓解能源和气候危机有着显著的意义。

　　自2001年以来，我国建筑商品能耗总量及其中电力消耗量均大幅增长，到2012年，建筑每年总电耗合计高达10363.9亿kWh，几乎是2001年时的两倍。随着城镇化高速发展，目前我国平均每年要建20亿平方米左右的新建筑，相当于全世界每年新建建筑的40%，建筑的可持续发展和长远价值的实现是我们共同面对的大课题。

　　香港作为发达地区，建筑电耗占九成以上，其中包括商业建筑的65%和住宅建筑的26%。太古地产，作为早期主要在香港经营的发展商，早在1995年就倡议创立香港建筑环境评估法（HK-BEAM）。1996年香港建筑环保评估协会成立时，太古地产是主要创会会员。随着公司的业务逐步拓展到中国内地，我们也将在建筑环保领域承担更多的社会责任。

　　太古地产对每一个发展项目均秉持长远承诺，通过具远见的规划及设计、审慎的执行和专业的物业管理，为旗下资产创造持久价值。近期我们在成都举行了管理层会议，我们讨论的主要议题之一就是如何将可持续发展议程充分融入公司长远发展的决策过程，以及每日的业务营运中。

　　建筑业的情况与其他行业略有不同。行业牵涉层面众多，有发展商、各专业顾问、承包单位、设备供应商和专业的营运维保团队。设计的理念和细节需要各团队共同努力来优化，也需要各团队认真地贯彻执行来具体落实。项目的成功，取决于各方的协调合作及以量化的指标来制定路线图。而量化指标的设定和优化必须借助强大的模拟工具和不断重复地比较各种方案优劣的过程。我和江亿院士于2009年交换了"集成设计与全过程管理IDM（Integrated Design and Whole-process Management）"的理念，一致认定IDM是未来建筑业可持续发展的方向。

　　科研是每个行业发展的关键。我们同清华的合作从2007年既有建筑的节能诊断开始。在2010年，以太古的实际项目为案例，共同投入IDM的探索。清华有强大的科研团队和模拟工具，太古地产具有几十年的商业建筑实际营运经验，双方都拥有丰富的工程实践知识。双方共同总结了在实际项目中经常面对但又颇具争议的六个技术专题，以飨读者丛书的第一部。感谢清华团队在本书编写过程中的投入和付出。

　　IDM的概念已经在建筑行业流传了几十年，但大都只是某一阶段或某一领域的小集成，业界还没有贯穿整个项目各个领域和整个过程的完整的管理方法。希望和清华的共同努力，不断参与总结项目营运的实际经验，能在不久的将来整理出一套切实可行的集成设计管理方法奉献给大家。

　　上下同欲者胜，同舟共济者赢！

于香洪太古坊港岛东中心

目　录

上篇　概　念　篇

第1章　传统管理模式及问题

随着我国城镇建设的飞速发展和经济水平的提高，公共建筑总面积和总能耗均迅速增长。在清华大学建筑节能研究中心发布的《中国建筑节能年度发展研究报告 2014》中指出，公共建筑的总面积已经从 1996 年的 27.6 亿 m^2 增长到 2011 年的 79.7 亿 m^2，单位建筑面积能耗也已经从 1996 年的 62.0kWh/m^2 增长到了 2011 年的 75.7kWh/m^2。并且近年来在新建公共建筑中，高能耗建筑的比例仍在不断提高，其中较为典型的有超高层建筑、大型商业综合体和大型交通枢纽等类型。同时，在越来越多的新建建筑中出现了环境品质控制不佳的问题，较为常见的有中庭垂直温度失调、大型公共建筑水平温度失调等。

对于超高层建筑或者大型商业综合体，由于投资巨大且具有较高的社会显示度，建设方往往有意愿建成既低碳环保又高品质的绿色建筑，聘请顶级的建筑设计团队、机电咨询公司和设计院完成设计。但大量实际运行效果调研表明，这类大型商业建筑建设完成后的运行效果往往不能令人满意，运行能耗高且室内环境质量（温湿度、空气品质、自然采光、自然通风）欠佳。

究其原因，是由于现代建筑功能日趋综合、结构复杂，新产品、新技术层出不穷，传统设计、采购、施工及运营管理模式难以达到综合最优。事实上，建筑从前期规划设计到后期的施工运行是一个划分为很多阶段、具有很多环节的复杂过程，整个过程时间跨度大，各阶段协调不足，信息流通不畅，任何一个阶段或环节存在问题，都会对后期的运行产生影响。

具体而言，从项目管理流程来看，设计是一拨人，施工是另一拨人，项目的建设由项目部负责，项目的运行由物业部负责，设计、施工、运行是一个接力棒式的模式，不同阶段、不同部门之间目标并不一致。建筑设计师往往更关注建筑造型的新、奇、特，仅定性考虑建筑性能；机电咨询公司主要考虑技术的理论可行性，对其全年运行调节及长期运行的实际效果往往缺乏经验；设计院主要考虑是否满足国家强制性规范要求，能顺利通过图纸审查；招标采购方，主要考虑的是投资和成本，产品性能上往往要打折扣；建设与施工方，更关注工程进度和建筑成本，往往无暇顾及建筑性能；运行管理方，往往无法了解和掌握设计方的运行方案，只能简化运行。

另外，即使各个环节认真改进建筑性能时，也往往仅能从局部考虑问题，最终导致建筑性能无法保证。例如：建筑师为节能往往倾向于用高保温幕墙，但实际效果往往能耗更高；机电咨询公司推荐很多新型节能产品，但实际上，经常由于维修量大难以正常运转而更为费能；设计院倾向于选择型号更大的冷机、风机和水泵，认为更安全，实际往往导致系统运行效率低、调节困难，能耗浪费严重；设备安装与建设单位因建设时间紧以及后期验收不严格，施工后性能往往不能达到设计要求。

此外，在传统的设计管理模式下，规划、设计、施工以及运行各个环节之间信息传递的缺失、对上游信息的理解偏差、在实施中的妥协和改动等，会导致"设计意图"在过程中不断被"打折扣"。如图 1-1 所示，即使各个环节均能够保证 80% 的目标，最终也只能实现 40% 的运行效果。

	舒适性保障率		节能运行保障率	
设计：	100%	80%	100%	80%
	×	×		×
施工：	100%	80%	100%	80%
	×	×		×
调试：	100%	80%	100%	80%
	×	×		×
运行：	100%	80%	100%	80%
	=	=		=
综合效果：	100%	41%	100%	41%

图 1-1 建筑性能的实现过程

事实证明，对于现代大型综合商业建筑，传统的接力棒式的设计及管理流程弊端极大，导致没有人真正对建筑性能负责。为能够真正保证建筑的节能、绿色、环保的性能，必须改变传统的设计管理模式。

第 2 章　常见工程问题

近年来，我国城镇化建设的快速发展与资源短缺的矛盾愈加明显，根据住房城乡建设部测算，如果再不采取、不推行建筑节能或者绿色建筑，2020 年中国建筑的能耗将达到 11 亿吨标准煤，是目前建筑所消耗能源的三倍以上[30]。因此，在国家的大力倡导和推广下，建筑节能、绿色建筑越来越得到社会的广泛关注，取得了显著的发展。但从建筑的实际运行效果方面来看，仍然存在一定的不足。

2013 年底，多家媒体集中报道了上海市一批"节能"、"绿色"建筑实际运行能耗"偏高"、"不降反升"的案例[31]。上海现代集团等实测的 60 余座绿色建筑示范项目，结果发现实测能耗结果非常不理想，节能建筑中出了"能耗大户"。实测结果引起专家学者、政府部门和社会舆论的高度关注，报道指出："由于对高新技术的盲目崇拜，导致一批绿色建筑成为新技术的低效堆砌"。

不仅在中国，在美国也有相当一批获得 LEED 认证的绿色建筑能耗很高。例如美国绿色建筑委员会 2008 年宣布，通过对获得 LEED 认证的 156 个建筑案例的实际能源消耗量进行调查，发现 84% 的建筑实际运行情况在能源和大气环境项的得分上未能达标。2009 年底美国学者 John H. Scofield 公布的两份材料，通过详细分析美国绿色建筑委员会 2006 年公布的调研数据，指出其数据样本选择时"避重就轻"、"分析方法不科学"，并经过严谨科学分析后指出：在美国获得 LEED 认证的建筑，其实际平均单位建筑面积能源消耗量，要比同类型未获得认证建筑的平均能耗强度高出 29%[31]。

究其原因，由于建筑的全生命周期涉及规划、设计、施工及运营，时间跨度很长，参与的单位众多，其中的任一环节出现问题，都会对最终的运营效果产生影响。以下列举一些常见的工程问题[31]。

1. 自然通风

通风是改善室内空气质量最有效的措施，20 世纪 90 年代发达国家普遍关注室内空气质量问题。围绕这一问题出现各类空气净化器、消毒器产品，但最终的解决方案还是要保证足够的通风换气。自人类发明建筑以来，窗户就成为建筑的重要组成部分，采光与通风是窗户的两项主要功能。开窗是有效通风换气方式之一，对于一个有效开口面积为 $1m^2$ 的外窗，断面风速为 $0.3m/s$ 时的通风换气量为 $1080m^3/h$。在大多数气候条件下，这一开口面积可以实现 $50\sim100m^2$ 房间的有效通风换气，保证其室内空气质量。

但是，现代建筑的体量越来越大，密闭性能越来越好，种种原因导致建筑外窗的开启面积越来越小，自然通风越来越难以实现，只能利用机械通风的方式通风换气。建筑设计师由于缺乏运行建筑的经验，并不能意识到自然通风对于建筑能耗的巨大影响，在建筑外立面开口影响建筑造型的情况下，往往倾向于放弃自然通风。而对于不能自然通风的密闭建筑，空调和机械通风的能耗将占有相当大的比例，导致建筑运行能耗极高。以 $1000m^3/h$

的通风量为例，采用直接安装在外窗外墙上的通风换气扇，全年的风机电耗为876kWh（按风机100W）；采用新风系统通过风机和风道直接输送，全年的风机电耗为4380kWh（按风机500W）。此外，与自然通风相比，机械通风不仅能耗较高，同时还有噪声、吹风感等问题。

以我国北方某大型建筑为例，建筑设计方从建筑造型考虑，未设计可开启外窗，无法利用自然通风，导致必须全年开启空调，运行能耗极高；而"水立方"国家游泳中心则采用膜结构外围护结构，自然通风更为困难，但设计师通过精巧的设计，设置了可升起的泡泡单元作为开口，以保证建筑的自然通风。建筑造型与建筑性能的矛盾通过合理设计得到了解决。

2. 地源热泵

地源热泵就是在地下埋塑料管道，利用水泵驱动水经过塑料管道循环，与周围土壤换热，从土壤中提取热量或释放热量，通过循环水把这些热量带到热泵处提升或降低温度，实现供热或供冷的目的。目前在国内，地源热泵往往被看作从发达国家引进的一种无可争议的节能技术，甚至被看作一种高效的可再生能源而被应用到各种重要的工程项目中作为"亮点"，但事实并非如此。

实际上，地源热泵既不适用于高负荷密度的大型公共建筑，也不适用于集中住宅小区，只适用于低负荷密度的独栋住宅，以及有足够场地的小型公共建筑。由于埋管需要土地面积，在西方国家地源热泵很少用于350kW以上的项目，尤其是冷热不平衡的项目，单个系统的规模更加受到限制。在欧美国家地源热泵多用于低容积率、低负荷密度的建筑，单个系统垂直埋管数量多数不超过120根，即使用于较大规模的建筑群，也一定要分成多个系统，每个系统的埋管位置尽可能分散。而目前在我国，地源热泵被大量用于高容积率的住宅小区以及高负荷密度的公共建筑，由于可利用的土地面积有限，井孔布置密集，严重制约了地层的热恢复能力，使得系统的实际供热供冷能力低于期望值。

此外，还需要注意的是，我国的电主要来自燃煤发电厂，任何一种消耗电能来获取热量的技术，其COP应超过3才是合理的。很多设备制造商以地源热泵机组的COP为3～5的概念来强调其节能，却回避了风机、水泵等输配系统能耗在内的系统COP偏低的事实。在项目中采用地源热泵时，必须对后期的运行效果进行全面的考虑，而不能依赖于设计时简单的理论分析或典型工况的计算就进行决策。

3. 变风量空调系统

变风量空调系统（VAV系统）是全空气系统的一种，是在以前多房间、多区域定风量空调系统上，为了改善末端风量分配不均造成冷热失调而发展出来的。与末端不能调节的系统相比，可以较好地满足同一个系统、不同房间的不同需要，与定风量加末端再热调节的系统相比要节能。办公楼末端采用变风量还是风机盘管是近年来不断争论的一个问题，办公建筑采用变风量系统被市场上认为是高档办公楼的"标配"，还被认为是高品质空调。但实际上，相对于风机盘管系统，变风量系统运行能耗高，实际使用效果、舒适性并不令人满意。

变风量系统采用一个空调箱为多个房间送风，根据房间的负荷大小来改变变风量末端的风量，同时空调箱的送回风机也随之改变转速。但是每个房间的送风量都有下限限制，当要求的风量低于变风量箱中风量传感器的测量范围，变风量箱就不能正常工作；同时由于无单独的新风系统，总风量减少时新风量也随之减少，在风量太小时就会导致新风量太低，不能满足人员的健康卫生要求。一般来说，送风量的下限不能低于最大风量的40％～60％，并且不能完全关闭，这样在房间无人时，只要空调系统运行，室内就仍然维持一定的温湿度参数，无法实现"人走关机"。由于是多个房间共用一个空调箱送风，统一的送风温湿度很难同时满足各个房间的需要，经常出现部分房间过冷或过热的问题。同一风道系统相连的房间个数越多，这样的现象越普遍；所连接的各房间的负荷特性差异越大，这种问题就越严重。为保证各个房间都能达到所需的温度，需要在变风量末端加装再热器，空调箱根据要求送风温度最低的房间来确定送风温度，其他房间在风量减小后仍偏冷时，通过再热来维持房间要求的温度。这就出现了冷热抵消，必然造成能耗大幅度增加。此外，由于变风量系统采用空气循环输送冷热量，风机能耗较高。

变风量系统用的不合适，不仅能耗高，还会导致室内环境质量变差。变风量系统不适用于独立小空间的办公室，只有大空间的敞开式办公室才有可能适用，这样可以避免由于各个房间差异导致的再热。因此，设计时必须考虑到后期的出租和使用情况，而不能采用所谓的通用方案。

4. 太阳能光伏发电

太阳能光伏发电是一种很好的可再生能源利用方式，在建筑上安装太阳能光伏板目前似乎已成为绿色建筑的标志之一，很多展示的"绿色建筑"、"零能耗建筑"上绝大部分都装有规模不一的太阳能光伏板。近年来在我国，把数千平米太阳能光伏板大规模应用在大型公共建筑上似乎已成为潮流，并作为示范工程获得地方政府的高额补贴。尽管太阳能是一种很好的可再生能源，但其实际应用时的发电效果却不尽如人意。

有研究者对太阳能光伏板在我国各地使用的情况进行了研究，通过一些实验测试数据并通过模拟计算得出在哈尔滨、北京、武汉、广州、昆明五个典型气候区代表城市使用的南向倾斜20°角的太阳能光伏屋顶的发电效率在7.8％～13.5％之间，夏季基本在8％上下，冬季高于夏季，长江流域及以南地区冬夏都基本在8％左右。北京一个2003年11月开始运行的光伏示范电站2004年全年测量数据记录显示，正南垂直安装和屋面正南倾角15°安装的太阳能光伏板，每1kWp（折合7.7m² 左右）光伏板的全年发电量分别为715kWh和597kWh。北京地区全年的水平面平均年太阳辐射总量为6050MJ/(m² · a)，折算得出的平均发电效率只有5.5％和4.6％。这个实测效率比理论预测的8％要低得多。在这个案例中，屋面安装的光伏板发电量甚至低于垂直正南安装的发电量，其原因是因为屋面倾角15°安装的光伏板有积尘，而垂直安装的则无积尘。

从建成项目的发电效果来看，由于产品性能、安装条件以及后续运行管理等多方面原因，实际发电效率远低于理论值。因此，采用此类技术进行技术经济性论证时，不应仅仅依赖于理论计算，还应对实际产品性能、安装条件及运行管理水平进行综合考虑，准确预测其实际发电量，方可作为决策依据。

类似的工程问题还有很多，这里不再一一列举。出现这些问题的原因有很多，例如，没有考虑当地气候在全年不同时间段的特点，也未考虑使用者的实际最可能的需求和操作方式，导致高科技堆砌的建筑既不符合当地气候特点，又不符合使用者的实际需求，不仅初投资高，而且运行费用高、效果不理想、设备资产闲置浪费大。此外，建筑的评价考核，往往仅查看建筑采用了多少项绿色节能的技术，对这些技术的实际运行效果很少关注，这也很容易形成技术堆砌的导向。

建筑的建造过程非常复杂，周期长、参与方多，节能技术、节能产品不能正常发挥节能效果的概率极高，规划设计、安装调试、运行控制等过程中的任何一点小的错误、失误或把控缺失，都可能极大地降低效率，因此迫切需要一种以建筑性能为目标，对最终运行效果负责的全生命周期的建造方式。

第 3 章　IDM 集成设计与管理

3.1　IDM 的概念

现代建筑功能日趋综合，结构日趋复杂，新产品、新技术层出不穷，传统的设计和顾问模式难以达到综合最优，因此提出 IDM 集成设计与全过程管理（Integrated Design and whole-process Management）的概念：由在设计、实践和研究领域有丰富经验的 IDM 顾问，对建筑设计、施工与运行的全过程进行咨询、监督和管理，充当业主的技术顾问，衔接项目的各个阶段，协调参与各方的关系。

IDM 是对建筑全生命周期的集成设计与管理。IDM 的目标是从保证室内环境的健康舒适、保护环境节约能源、使用便利等方面出发，对建筑的性能进行诊断与核查，提出改善性能的方法和建议，以保证建筑处于最佳的状态。IDM 从规划开始启动，包含设计、施工、启动运行、验收和培训，整个过程贯穿建筑生命的全周期。

建筑的全生命周期通常可以划分为四个阶段：规划、设计、施工和运行。理想的 IDM 过程是 IDM 顾问从建筑的规划阶段开始介入，与业主、设计方共同确定建筑性能的目标并落实在文件中。在项目实施过程中，IDM 顾问负责对项目进行全过程跟踪，在设计阶段检查设计图纸是否满足要求，在招标阶段核查招标文件、投标文件是否满足技术要求，在施工阶段检查施工是否与设计相符，在竣工验收时检查设备性能是否满足要求，在运行阶段对系统的运行进行指导。IDM 加强了在建筑规划、设计、施工、运行各个阶段中参与项目各方之间的联系和交流，使得建筑的设计意图、性能目标能够贯穿整个建设过程并在最后的运行中得到体现。

3.2　IDM 的收益

IDM 可以从建筑规划、设计、施工和运行的任一阶段开展，但是只有在规划或设计初期开展 IDM 的项目才能取得最大的收益。这是由于 IDM 发现的项目问题在设计阶段可以在图纸上直接修正，而到了施工、运行阶段时则需要花费较大代价来实施变更或调整，一些原则性、方向性的问题如建筑形体、空调形式等，到了施工、运行阶段可能会变得无法修正。

IDM 为建筑带来的收益可以概括为以下两个方面：

1. 减少建筑能耗及维护费用

节能是 IDM 为建筑带来的最显著收益，在项目设计初期，可以根据项目实际情况设定节能的目标，即确定建筑合理的用能指标，用以约束规划设计、施工运行各个阶段。

IDM将在各个阶段检查是否满足要求，将节能管理贯穿于全过程之中。

正确的运行和维护操作有助于减少建筑设备的维护费用。IDM通过在设计阶段对设备性能进行核查，在施工阶段对实际设备进行核查，在运行阶段建立操作规程和操作培训，确保设备按照正确的方式运行，使得设备符合项目的要求，且处于最佳的工作状态。这一方面有助于提高设备效率实现节能，另一方面可以减少设备故障延长设备寿命。

2. 健康舒适的室内环境

有调查表明，造成室内环境出现问题的原因多与空调设备的运行维护不正常有关。而通过IDM可以确保设备按照要求安装、运行和维护，从而减少室内环境方面的问题。IDM顾问在项目验收等环节将对通风空调系统进行测试，这保证了室内新风量等符合要求，同时通过对运行维护制度的指导以及操作人员的培训，确保系统设备按期得到维护和保养，如定期进行盘管清洗、过滤网更换等，从而减少空气质量方面的问题，保证了室内的环境品质。

3.3 IDM的体系

建筑从最初的规划到最后的运行是一个时间跨度很长的过程，在这个过程中有多家单位在不同的时段参与项目。传统的设计及管理模式是接力棒与交叉作业相结合的模式，各阶段、各方的目标相互独立，缺乏统一的目标，同时也缺乏合理的流程。例如：精装修项目二次深化设计往往会使得施工图阶段的室内设计推倒重来；由于设备订货需要一定的周期，为保证项目进度，在需要机电顾问提供冷机选型时，玻璃幕墙的参数可能还没确定；自控系统的施工调试往往是在项目其他施工结束之后，前期的项目沟通会议里往往没有自控厂家。解决方案是通过IDM的体系，建立统一的目标和合理的流程，如图3-1所示。

图3-1 IDM的体系

IDM采用全过程管理的理念，在项目初期，根据后评估标准确立项目的设计目标，在项目建设阶段，根据设计目标对过程进行控制，在项目完成后，用后评估标准对项目进行评估。设计目标、过程控制、后评估标准是IDM体系的三要素，其中设计目标及过程控制（包括技术措施、管理流程等）用于指导项目实施，可以技术专题、技术手册的形式呈现，后评估标准用于项目建成后评价建筑性能，以评价体系的形式呈现。

IDM关注的是建筑性能，必须为建筑性能确定一个明确的目标。节能10%是优化，节能20%也是优化。单纯说优化，最终往往得不到实现。建筑建成后，采用后评估标准进行评估，但后评估的效果无法直接作为设计的目标，因此需要根据后评估标准，研究确定设计阶段的设计目标。

提出了设计目标还不够，还必须对项目实施过程进行指导和控制，以保障目标的实现。在过程控制中，用技术措施来指导项目各个阶段的技术工作，用管理流程来保障技术措施的落实。通过管理流程来协调交叉作业的多家顾问，理顺顾问之间的关系。根据管理流程，顾问可及时获取其他专业的相关信息，同时也可以将本专业的信息及时传递给其他专业。管理流程通过了解各个专业工作的交叉界面、工作节点，提取对建筑性能有影响的信息作统一管理：控制性能参数，控制时间节点。

举例来说，幕墙的性能参数直接影响负荷计算和设备选型。这就需要协调建筑与机电在设备选型之前确定。精装修二次深化设计，室内风口布置方案往往需要重做，某些情况下，可能直接影响室内气流组织。这就需要协调精装与空调，寻求解决方案。再来看自控的电动调节阀，一些实际项目中的调节阀往往不能实现所需的调节功能，原因是阀门是根据管径选的，选大了，调节范围不能满足自控的控制要求。这就需要自控厂家提前介入，给设备厂家提要求。通过 IDM 的管理流程，类似问题都应能够得到及时有效的解决。

IDM 体系的最后一项要素是后评估标准。建筑提供的是服务品质，建筑性能的好坏不在于采用了多少新技术，投入了多少资金，而要从使用者和管理者的角度来看，环境是否舒适，能源费是否高，管理是否方便，等等。因此，IDM 体系中采用后评估标准对建成运行的建筑进行性能评估，从使用者和管理者的角度，对建筑性能的好坏进行评价。

3.4　IDM 的模式

IDM 理想的模式是引入第三方的顾问机构，作为业主的设计管理全过程顾问，保障技术措施的落实。

作为 IDM 顾问应具备以下四个方面条件：

1. 强大的模拟分析能力

强大模拟分析能力是进行方案设计与分析的基础，可以对机电系统长期运行性能进行准确分析，包括对围护结构保温、通风、采光、遮阳的全年能耗分析，机电系统的不同季节、不同负荷率的运行效果分析，室内外的风、热、声、光环境的三维动态模拟分析等。

2. 丰富的实践经验

丰富的实践经验可以了解机电系统长期运行的实际效果，保证了方案的可靠性。对实际建筑运行状况的深入了解，可以真正清楚某项技术长年运行的实际效果；对各项节能技术的深入了解，可以全面掌握节能技术的实际收益；从理论分析到实际运行，可以准确掌握其技术经济合理性和长期运行可靠性。

3. 对绿色建筑/建筑节能发展趋势的准确把握

技术的选用不仅要考虑当前的合理性，还应考虑其长期发展趋势，深入了解节能技术可以保证方案的可行性，掌握发展趋势则可以保证方案的先进性。

4. 中立和公正

中立和公正可以保证方案节能效果的真实性，不受到各方利益干扰，给出公正的咨询意见。

只有具备以上技术能力的咨询机构，才能提供高质量的 IDM 咨询服务，才能做到

"对建筑性能负责"。

3.5 IDM 的工作内容

根据具体项目以及 IDM 目标的不同，IDM 可以有不同的工作内容。在建筑从规划设计到运行管理的整个过程中，IDM 需要对影响目标的关键环节进行把控，以下将绿色节能作为建筑的目标，列举了 IDM 在项目各个阶段的一些工作内容，可作为项目实施 IDM 时的参考。

3.5.1 规划阶段

3.5.1.1 协助业主制定绿色节能目标

在项目的规划阶段，IDM 顾问的主要工作是协助业主制定整个项目的绿色节能目标，以作为贯穿整个项目的管理评价基线。其中主要包括如下几方面具体工作：

（1）协助业主制定能耗及能效目标

利用所掌握的同类建筑实际能耗、能效，同时借助其他社会资源进行一定规模的实际能耗、能效调研，研究项目所在地同类项目的能耗、能效平均水平，并以此为基准，制定项目的能耗、能效目标。

（2）协助业主制定绿色建筑等级目标（与绿色建筑顾问配合）

通过对当地政府政策、市政能源供给情况、项目周边实际条件的调研，结合业主对项目的预期定位，对项目达到不同绿色建筑等级的难度进行评估，协助业主制定项目的星级目标。

3.5.1.2 协助业主完善方案招投标绿色节能要求

将节能目标和绿色建筑目标约定在项目的设计任务书里，要求设计单位配合完成建筑的节能目标和绿色星级目标，并将节能目标和绿色建筑申报作为最终考核的重要指标。

3.5.2 方案设计阶段

在项目的方案设计阶段，IDM 顾问的主要工作是协助业主分解总体绿色节能目标至各专业具体设计目标，制定设计方向，并配合设计单位完成相应深度的设计内容。

3.5.2.1 绿色节能设计目标分解

结合项目当地政策、市政能源供给情况、周边设计条件及业主预期等实际情况，将项目总体能耗、能效指标分解至各专业，包括：

（1）室外舒适性目标

（2）围护结构热工性能优化目标

（3）机电系统优化目标

（4）室内舒适性优化目标

（5）绿色建筑认证目标（与绿色建筑顾问配合）

在分解后的设计目标基础上，IDM 顾问将配合业主及设计单位完成各阶段的设计目标。

3.5.2.2　总图和景观方案

建筑室外环境优化设计，通过模拟分析建筑周边的热岛强度和风环境，对建筑周边环境设计提出优化建议。如图 3-2 中的成都某文化商业综合体，通过对建筑周围热风环境模拟分析后，提出建筑优化建议。

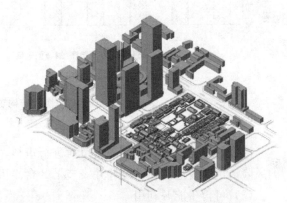

成都某文化商业综合体：

综合考虑太阳辐射、干球温度、相对湿度、风速、平均辐射温度、服装热阻以及不同的活动水平，采用标准有效温度SET来评价室外热环境的舒适程度。

对SET较高的区域，建议通过调整建筑布局促进通风，种植乔木营造树荫，利用浅色铺装地面结合草坪减少太阳辐射的热量，以及在周边区域设置遮阳及绿化等措施来改善人员室外活动的热舒适性。

模拟结果已经用于指导设计师改善室外热环境。

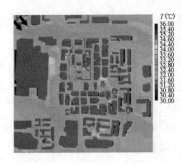 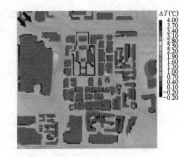 

图 3-2　成都某文化商业综合体室外环境优化实例

3.5.2.3　建筑方案

在建筑方案设计阶段，通过模拟分析的方法配合设计单位对建筑方案进行优化，以实现建筑被动式节能目标和建筑围护结构节能目标。

（1）建筑自然通风节能优化设计

通过模拟分析对自然通风通风路径设计、幕墙开窗形式设计、自然通风运行策略方案等提出优化建议。

（2）建筑自然采光节能优化设计

通过模拟分析对透明围护结构开启面积、位置优化等提出优化建议。

（3）建筑围护结构保温遮阳性能优化设计

通过模拟分析对围护结构热工性能参数、遮阳形式等提出优化建议。

图 3-3 为不同城市建筑围护结构优化后实现的节能效果。在节能最大化方案下，全年节能 14％～22％；在投资集约化方案下，全年节能10％～15％。

3.5.2.4　暖通方案

（1）设计标准

与业主、设计单位共同商讨各功能空间室内设计参数及设计标准，避免由于设计标准不合理而产生的节能与舒适问题。

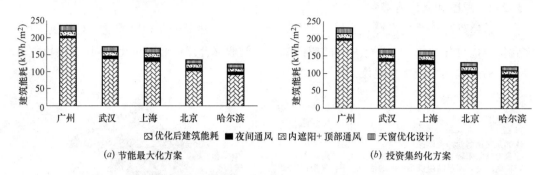

图 3-3 建筑围护结构热工性能优化实例

（2）负荷控制

对设计单位估算的空调采暖负荷进行审核，避免出现负荷估计过高、冷热源设备闲置的风险。例如香港某项目设计并安装了 8 台冷机，实测过程中发现常年有 5 台冷机闲置。

（3）可再生能源利用

可再生能源利用方案审核，对设计单位提出的如太阳能利用、地源热泵系统、水源热泵系统等方案的可行性与经济性进行审核分析。

（4）节能系统方案优化

IDM 顾问将结合项目的实际情况，对设计单位提出的节能设计方案的可行性与经济性进行审核分析，避免出现技术不合理堆积的情况。如：冰蓄冷系统、水蓄冷系统、热电冷三联供、冷机冷凝热回收、串联冷机系统、锅炉烟气余热回收、冷却塔免费供冷等冷热源节能方案、温湿度独立控制、大温差供水、大温差送风、排风热回收等末端与输配系统节能方案。

（5）建筑风平衡优化

对各功能空间的通风方案进行审核，降低项目建成后无组织渗风风险。如图 3-4 所示，北京某大型商业综合体进行风平衡优化后，能耗有大幅度降低。

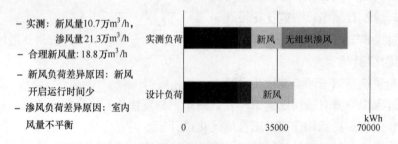

图 3-4 北京某大型商业综合体风平衡实测

结合规划阶段提出的分项能耗指标，模拟分析各项节能技术的节能潜力，提出具体节能技术使用建议。

3.5.2.5 照明系统方案

（1）照明分区优化设计

核查各功能空间照度指标，结合自然采光条件、照明作息及区域位置等因素，对照明分区进行优化，避免因分区不合理造成的照明能耗和舒适性问题。

（2）灯具选择

结合规划阶段提出的分项能耗指标，提出各照明分区的功率密度设计要求，合理选取节能灯具。

（3）照明控制

对面积较大、作息较规律的照明区域进行控制设计，如：公共照明区域灯带的开关调节、办公区域的照度调节、透光屋顶内遮阳的关闭与开启等。

3.5.2.6　分项计量系统方案

为了科学、规范地建设建筑能耗监测系统，实现分项能耗数据的实时采集、准确传输、科学处理、有效储存，指导建筑节能管理和节能改造，根据节能目标，对建筑主要能源能耗数据（如：电、燃气、水、耗热量、耗冷量等）进行采集和整理，按照用途制定相应的分项计量设计要求，避免无效计量。

3.5.3　初步设计阶段

在项目的初步设计阶段，IDM 顾问的主要工作是在规划阶段和方案阶段工作的基础上，以最终节能指标和绿色建筑星级为目标，配合业主和设计单位进行深化设计。

3.5.3.1　建筑初步设计

对方案阶段提出自然通风、自然采光、遮阳等设计建议的落实情况进行核查，重新核算建筑的自然通风、自然采光、遮阳的节能潜力，在满足业主对建筑立面效果要求及对成本控制要求的基础上，提出进一步的优化设计建议，如自然通风通风路径设计、幕墙开窗形式设计、自然通风运行策略、透明围护结构开启面积及其位置、围护结构热工性能参数、遮阳形式等。

3.5.3.2　暖通初步设计

（1）要求设计单位提供冷热负荷、风量、空调冷热水量、冷却水量、管径、主要风道尺寸及主要设备的选择设计计算书，IDM 顾问对计算书中的计算参数及计算流程进行审核，以确保计算书的正确性。

（2）对空调采暖系统图纸、水系统图纸、风系统图纸进行审核，尤其是水系统阀门配置方案、厨房车库洗衣房的机械通风系统、AHU 变风量与过渡季全新风运行设计等重要节能环节进行审核，避免由于系统设计不合理而产生的节能与舒适问题。

（3）对特殊空间气流组织方案进行审核，以避免后期设计条件不足的情况。

（4）对主要设备的能效参数如冷机 COP 和 $IPLV$、风机单位风量耗功率、冷热水输配系统能效比等进行审核，并核算能否满足分项节能目标，结合业主成本控制的要求，提出设备参数的优化建议。

3.5.3.3　照明系统初步设计

（1）根据最终确定的建筑方案，参考自然采光的模拟计算结果，对各个照明分区的照明需求进行核算，并对所选灯具类型提出建议。

（2）结合所选灯具和照明自控系统控制策略对照明系统实际节能量进行最终核算。

3.5.3.4 分项计量系统初步设计

根据分类分项能耗计量要求，核查分项计量系统专项设计图纸以及对应的暖通系统、给水系统、配电系统图纸落实情况并提出图纸深化建议。核查内容包括但不限于：

(1) 分类能耗数据采集指标；

(2) 分项能耗数据采集指标；

(3) 数据采集方式；

(4) 数据分析方法；

(5) 数据展示方式。

3.5.4 施工图设计阶段

在施工图阶段，IDM顾问的主要工作重点是以最终节能指标和绿建星级为目标，落实所有围护结构、设备、管网的设计参数，从而作为招标采购的最终参考。

3.5.4.1 建筑施工图设计

在已经大体确定的建筑方案基础上，对建筑的最终自然通风、自然采光、遮阳的节能潜力进行核算，对围护结构参数进行最终优化，如透明围护结构的传热系数、遮阳系数、太阳得热系数、幕墙的可开启面积比例及开启形式、遮阳材料和遮阳形式等，根据最终的模拟结果提出自然通风、自然采光、遮阳的节能运行策略，计算最终建筑被动式节能目标和建筑围护结构节能量。

3.5.4.2 暖通施工图设计

(1) 对设计单位提供的空调采暖负荷进行最终审核，确保最终负荷能满足项目需求且没有过量备用。

(2) 对施工图中的设备选型参数进行核查，对不能满足节能设计要求的设备提出优化建议。

(3) 根据设计单位提供的最终水力计算书，对水系统的管径和阀门型号参数、风系统的风阀型号参数提出优化建议。

(4) 对空调末端型号参数进行核查，针对重点区域展开气流组织模拟，并提出最终的空调末端型号参数优化建议，以保证区域内的舒适性使用要求。

(5) 在确定所有设备参数后，计算最终暖通空调系统节能量。

3.5.4.3 照明系统施工图设计

(1) 根据最终确定的建筑方案，参考自然采光的模拟计算结果，对各个照明分区的照明需求进行核算，并对所选灯具类型提出建议；

(2) 结合所选灯具和照明自控系统控制策略对照明系统实际节能量进行最终核算。

3.5.4.4 分项计量系统施工图设计

根据分类分项能耗计量要求，核查分项计量系统专项设计图纸以及对应的暖通系统、给水系统、配电系统图纸落实情况。核查内容包括但不限于：

(1) 分类能耗数据采集指标；

(2) 分项能耗数据采集指标；

(3) 数据采集方式；

（4）数据分析方法；

（5）数据展示方式。

3.5.4.5 设计阶段最终成果

（1）项目节能目标的确定报告。

（2）项目的具体专题报告，包括但不限于：

1）建筑体型优化、自然通风设计、自然采光设计分析；

2）建筑遮阳、围护结构性能设计分析；

3）空调冷热源和末端方案分析；

4）建筑负荷模拟计算；

5）空调系统分区的优化分析；

6）冷热源与水系统的优化分析；

7）空调风系统的优化分析；

8）室内高大空间（中庭）的空调方案优化；

9）特殊区域的空调设计优化；

10）自控系统的集成优化和分项计量系统。

（3）与预设节能目标的比对报告，同时完成项目节能建议的落实情况报告，重点说明不能落实的原因。

（4）对项目集成化设计的总结和建议。

3.5.5 设备招标阶段

设备招标阶段，IDM 顾问的主要工作是协助业主完善招标文件，将对各设备的主要参数明确在设备招标书里，通过合同文件约束设备供应商和自控公司实现项目的设计意图。

3.5.6 施工阶段

（1）施工培训：在施工阶段，根据工程进度进入现场开展现场技术指导，对建设单位、施工单位、监理单位提出的建议进行认真分析，确保切实可行；

（2）施工招标配合：与施工团队紧密合作，根据不同施工阶段的工作范畴，在招标过程中提供业主相应的书面要求，以确保该施工阶段的施工团队在竞标阶段就清楚其所需完成的任务。

3.5.7 竣工验收和调试阶段

3.5.7.1 调试诊断的工作流程

调试诊断是指为达成设计目的和运行要求而对空调系统进行的调试和试运行，调试诊断是衔接设计和运行、检验设计和施工的重要过程，是安全顺利运行、高效节能运行的基础。调试诊断在项目流程中的位置如图 3-5 所示。

调试诊断包括现场调试、性能测试以及 BMS 系统调试三个方面的工作，通过调试诊断，对机电系统的关键设备如冷机、水泵等进行测试，掌握设备的运行效率和系统的运行

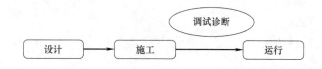

图 3-5 调试诊断在项目流程中的位置

参数。测试结果会与设计进行对比,判断各项参数是否达到设计要求,对于未达到设计要求的参数,需分析原因并提出解决方案。

例如广州某商业综合体项目,现场调试诊断阶段发现近半数空调箱的实际风量不到额定风量的80%,经过现场排查及详细测试分析,发现最主要的原因是送风管道阻力系数过大,送入散流器之前的管道存在复杂的弯头,造成实际局部阻力过大。

3.5.7.2 调试诊断的具体工作

调试诊断的具体工作内容如下:

(1) 现场调试:现场参与调试过程,进行调试数据的审核、分析,完成调试分析报告。具体包括:监督调试单位按测试方案对重要设备进行单机测试,并记录相关数据;监督调试单位按调试方案对系统进行调试,包括水平衡调试、水量调试、风量调试、冷热水系统无负荷调试、冷热水系统负荷调试等,并记录相关数据;根据实测数据,发现问题,提出解决方案。

(2) 性能测试:设备性能和系统性能参数的深度测试及分析,包括冷机、冷却塔、冷却泵、冷冻泵、燃气锅炉、热水循环泵、AHU 和 PAU 空调箱。完成设备及系统性能分析报告。

(3) BMS 系统:参与机房群控、BMS 系统的调试工作,检查及监督 HVAC 相关的调试,包括冷机群控、冷冻水泵和冷却水泵控制、冷却塔控制、AHU 和 PAU 控制、车库通风控制。重点关注:监控参数的合理性和全面性、传感器参数准确性的排查及检测、系统实施的控制策略合理性、控制策略的执行效果检测分析。完成 HVAC 控制系统调试报告,配合解决相关问题。

3.5.7.3 调试诊断的预期成果

通过调试诊断的具体工作,可形成如下主要研究成果:

(1) 现场调试报告;

(2) 关键设备性能和系统性能的测试及分析报告;

(3) BMS 系统的调试报告。

3.5.8 运行阶段

3.5.8.1 运行优化的工作流程

运行优化是指根据具体的使用需求,以及空调系统的实际状况,对其运行方式、控制策略进行优化,使其在满足使用需求的基础上实现节能高效的运行。运行优化在项目流程中的位置如图 3-6 所示。

运行优化的工作流程可分为三个阶段:

(1) 运行现状诊断

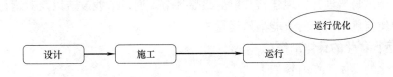

图 3-6　运行优化在项目流程中的位置

现场诊断是对建筑进行的"全方位检查"，包括建筑、机电系统的调研、机电系统实测以及室内环境实测三个方面的工作：

通过对建筑基本信息、使用状况、系统形式、能源结构以及用能状况的调研了解建筑的基本情况；

通过对机电系统的冷机、水泵等用能关键设备的压力、冷热量、功率等运行指标的现场实测，掌握设备的运行效率和系统的运行方式；

通过对室内声、光、热、湿以及气流等环境参数的测试，分析室内的环境状况。

测试结果主要用于了解建筑现状及能耗水平，为运行优化方案提供分析依据。

（2）运行优化方案

运行优化是根据现场诊断结果，研究对建筑进行"维护修理与升级改装"的方案，包括调整运行策略、提高系统效率、重设操作规程三个方面的工作：

调整运行策略主要是根据建筑的使用需求，结合系统方案以及设备的实际效率，对冷机加减机、冰蓄冷与电制冷运行时段、冷却塔控制方式等具体问题进行分析，实现省钱、环保的能源利用方案；

提高系统效率主要是根据现场诊断的结果，对低能效的设备进行维护、调节或更换，对部分负荷下的设备效能进行重点分析，实现设备的全年高效运转，同时对末端供冷量不足、室内冷热不均等现场诊断发现的系统问题进行专题研究，分析并提出解决方案以提高系统的效率；

重设操作规程主要是根据建筑优化后的运行策略编制设备的运行管理操作规程，包括全年不同时段的设备开启模式以及运行要点，要求易懂、易操作，便于运行管理人员实施。

运行优化方案是建筑实施节能改造和节能运行的指导，旨在实现建筑机电系统的节能高效运行。

（3）施工、调试与培训

施工、调试与培训是根据运行优化方案，对建筑进行"维修改装、试运行以及操作培训"的过程，包括施工过程的指导、调试过程的监督以及运行管理培训三个方面的工作：

施工过程的指导主要是根据运行优化方案，对节能改造（如有）施工图设计进行指导和审查，对招投标的设备性能进行核查，以确保设备能满足节能要求；

调试过程的监督主要是对节能改造后系统的调试进行指导，对关键参数进行测试，确保调试效果达到改造设计要求；

运行管理培训则是根据优化运行方案以及节能改造（如有）成果，为系统制定《最佳能效操作规程》，并对运行管理人员进行培训和指导。

施工、调试与培训是实现建筑节能的最后环节，通过节能改造以及对运行管理人员的培训，实现建筑机电系统的节能高效运行。

3.5.8.2　运行优化的具体工作

运行优化的具体工作内容如下：

（1）室内环境测试：项目运行后，挑出代表性的重点关注区域，测试室内参数，包括餐厅、商铺、电影院、公寓、大堂、车库等区域，对有室内环境监测的区域，直接分析监测数据，否则另外布置仪表进行测量。基于室内环境测试分析数据，评估室内运行效果。

（2）运行测试及策略研究：基于 BMS 运行记录及补充测试，对冷热源、水泵、AHU 和 PAU 系统提出改进方向及运行策略建议。通过过渡季、夏季、冬季不同季节的工作，分别给出上述成果。具体包括：分析空调系统的实际运行状况、主要设备的实际性能（冷机、锅炉、水泵、空气处理机组和新风机组等）、分析空调系统的能耗现状，指明其高低水平及合理性、制定合理的节能运行方案。

（3）运行管理培训：基于运行优化的测试以及运行策略研究的成果，编制《最佳能效操作手册》，并对管理人员进行节能运行指导和培训。

3.5.8.3　运行优化的预期成果

通过运行优化的具体工作，可形成如下主要研究成果：

（1）室内运行效果测试报告；

（2）运行测试及策略研究报告；

（3）最佳能效操作手册；

（4）节能运行管理培训。

下篇 技术篇

项目实施的过程中，为达到节能目的，常常没有对具体项目进行深入分析，而盲目采用现有节能技术。这些技术在实际运行时并没有达到预计的节能效果，甚至还起到反作用，增大了建筑能耗。在项目中应采用哪些节能技术、应采用什么样的具体方案、如何正确运行控制设备等问题是我们在设计过程中就需要完成的工作。下篇的内容以技术专题的形式对设计中所涉及的技术进行研究，以研究成果来指导设计。为使技术专题更贴合实际项目的特点和工程需要，选取建筑本体、机电系统、可再生能源利用等设计过程中较典型的专题进行研究分析，具体专题研究包括：建筑本体设计中的围护结构保温性能研究、机电系统设计的空调设备选型、冷机冷凝热回收、空调水系统、排风热回收等技术、可再生能源利用的太阳能光热利用、太阳能光电利用共七个专题作为精选专题。

第 4 章　保温性能研究

4.1　保温性能的重要意义

实际工程中，设计人员往往存在一个误区，即认为建筑的保温越好就一定越节能，因此在围护结构设计时，围护结构传热系数常常不仅满足于节能标准要求，而且比标准中推荐的参数值低很多。

图 4-1 给出了建筑热环境影响因素示意情况，白天建筑室内的直接得热主要包括人员、设备、灯光产热和透过窗户进入的太阳辐射热，而这些热量中相当大的一部分并未直接被空气吸收，而是被地面、墙体所吸收，导致墙体、地面的温度升高，然后通过与室内空气的对流换热逐渐释放出这些热量。但是到了夜间，室内停止使用，没有了人员、设备、灯光的得热及太阳辐射得热，由于墙体的蓄热会继续释放到室内，使得室内的温度仍然维持在较高水平，而在夜间时室外的温度一般会比白天低很多，从而出现夜间室内温度高于室外温度的情况，如图 4-2 所示，这种状况尤其在过渡季很明显。

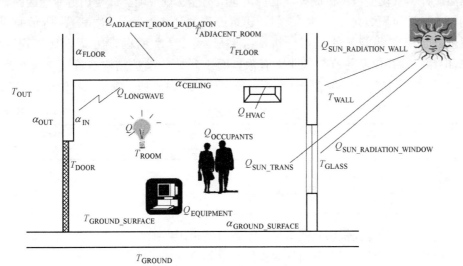

图 4-1　建筑热环境影响因素示意图

而在上述所提的过渡季、空调季的夜间，当室外温度比室内温度低时，白天被墙体吸收的室内得热将通过墙体传热传递到室外，这对降低室内的空调能耗会有很大帮助。此时墙体的保温性能则影响到室内散热的效果，保温越好，越阻碍室内散热，保温差一些，则有利于室内散热。

综合一年的情况，良好的保温性能，在冬季供热季节有助于减少室内散热，在夏季白

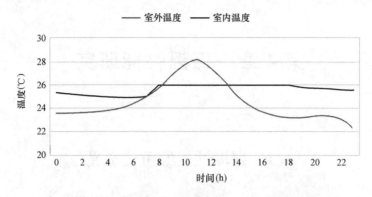

图 4-2 上海某办公建筑夏季某日室内外逐时温度

天外温较高时有助于减少室内得热，这些时间段内，保温是利于节能的；但是在上述的过渡季或者夏季凉爽的夜晚，室内需要散热时，保温又是不利于节能的。从全年的总体情况看，究竟保温性能怎样最节能，则和室内使用状态（得热情况）、通风情况、气候特征紧密有关。

如果在室外温度比室内低时，可以通过通风为室内降温，从而避免保温造成夜间散热不利的情况，则可以肯定保温越好越节能。否则，保温之后的节能效果就不是那么确定了。

对于设置有中央空调的商场、办公楼、酒店等商业综合楼来说，在实际运营中很难实现夜间通风，因此对保温是否起到节能效果这一问题就无法给出肯定的答案了。因为不恰当的保温设计，不仅会白白造成投资浪费，甚至不能实现节能。以夏热冬冷地区的某写字楼为例，标准层面积 2000m²，共 30 层，建筑面积共计 6 万 m²，对表 4-1 所示的两种保温方案进行全年空调能耗的模拟分析，结果显示工况 2 的设计方案仅比工况 1 节电 7000kWh/年，加强保温的节能量非常有限，而工况 2 的围护结构造价比工况 1 增加了 300 万元，经济性非常差，在这种情况下，就不应该盲目地加强围护结构的保温了。

保温设计方案   表 4-1

对比工况	外墙 [W/(m²·K)]	屋顶 [W/(m²·K)]	外窗 [W/(m²·K)]
工况 1 （标准限值）	1.0	0.7	2.5
工况 2	0.8	0.5	2.0

为了能够给设计师提供明确的指导，本章节拟采用模拟技术，针对我国建筑各热工气候区的商用楼的不同功能区，分析保温性能对全年总体能耗的影响，明确给出建议的保温设计策略。

4.2 研 究 方 法

4.2.1 研究思路

拟采用建筑空调能耗动态模拟的方法，分析围护结构保温对建筑能耗的影响，基于不同围护结构保温的能耗情况，总结围护结构应该采取的保温策略。

围护结构的保温在不同气候条件下发挥的作用并不一致，本次研究针对我国五个主要热工气候区，分别选取一个代表城市，基于此城市的气象数据进行模拟研究。

夏热冬暖：广州；

夏热冬冷：上海、成都（选这两个城市，是因为两地目前均有太古地产的项目）；

寒冷地区：北京；

严寒地区：哈尔滨；

温和地区：昆明。

按 4.1 节分析可知，围护结构保温在过渡季时会阻碍室内散热的情况，主要发生在室内发热量比较大且夜间不便通风的建筑，因此本次研究针对的建筑功能主要是商用公共建筑：大型商用办公楼、大型商场、五星级酒店。

拟设定的围护结构保温工况（包括外墙、外窗、屋顶的传热系数 K 值及外窗的遮阳系数 SC 值）基于《公共建筑节能设计标准》GB 50189—2005 确定，每个算例分五个工况，第一个工况的保温为公共建筑节能设计标准要求参数，第 2~5 工况分别为在前一个工况基础上加强保温。以成都地区为例，办公楼的围护结构分析工况见表 4-2。

另外，除了围护结构保温性能对建筑能耗有影响，以下几种因素同样对建筑空调采暖负荷有影响，故也将对其进行分析：

成都地区办公楼围护结构模拟工况❶

表 4-2

序号	外墙 K	屋顶 K	外窗 K	外窗 SC
1	1.0	0.7	2.5	0.4/0.5
2	0.9	0.6	2.3	0.4/0.5
3	0.8	0.5	2.1	0.4/0.5
4	0.7	0.4	1.9	0.4/0.5
5	0.6	0.3	1.7	0.4/0.5

（1）北向外墙保温：我国处于北半球，因此建筑北向受太阳辐射影响较小，北向墙体保温作用相对其余朝向外墙的更大，因此对北向的 K 值情况单独加以研究。

（2）周末加班与周末休息：对办公楼，室内的使用模式也会影响到发热量的大小，因此拟分析办公楼周末加班与不加班两种情况。

（3）建筑窗墙比：建筑围护结构透明部分的窗墙比不仅影响了建筑采光、自然通风，同时也影响了建筑空调采暖负荷。因此还需对建筑大窗墙比与小窗墙比两种情况进行分析。

（4）室内人员密度：人员密度影响室内发热量的大小，因此拟分析建筑在大人员密度与小人员密度时的两种情况。

（5）室内设计温度：当建筑室内设计温度发生变化，空调能耗的变化程度如何，因此拟对不同室内设计温度进行模拟计算并分析其能耗的变化。

---

❶　对于节能标准规定工况的选取，全国不同地区因为经济发展等因素不均衡，个别地区出台了当地的公共建筑节能设计标准节能细则，其规定的围护结构设计参数比 GB 50189 更严格，因此同一气候区各地的要求并不相同，但本研究是针对每个气候区的状况，因此对所选取城市仍按照 GB 50189 进行模拟工况的设定。

综上,将针对以上提到的几种影响因素进行模拟分析,这部分的分析研究以成都和上海地区为例,具体工况见表 4-3。

几种影响因素的模拟工况 表 4-3

地点	功能	使 用 模 式	外墙/屋顶 K 值	外窗 K 值及其 SC 值
成都	办公	北向外墙保温	工况 1~5	工况 1~5
	办公	8:00~20:00,周末加班	工况 1~5	工况 1~5
	办公	8:00~20:00,周末休息	工况 1~5	工况 1~5
	办公	大窗墙比,0.6	工况 1~5	工况 1~5
	办公	小窗墙比,0.32/0.13/0.23/0.15	工况 1~5	工况 1~5
上海	商场	大人员密度,0.4p/m²	工况 1~5	工况 1~5
	商场	小人员密度,0.1p/m²	工况 1~5	工况 1~5
	办公	室内设计温度为 24℃	工况 1~5	工况 1~5
	商场	室内设计温度为 24℃	工况 1~5	工况 1~5

模拟计算后得到的部分结果如下:

1. 北向外墙保温

因朝向的原因,办公楼北向办公室和东南西向的办公室不同,获得的太阳辐射很少,冬季供热需求更大。图 4-3 为改变外墙 K 值时北向办公室耗电量的变化趋势,北向办公室耗电量变化幅度比办公楼总耗电量要大一些(2%),但影响仍不明显,故办公楼北向外墙 K 值满足节能设计标准要求即可。以下其他因素分析方法类似,在此不重复分析。

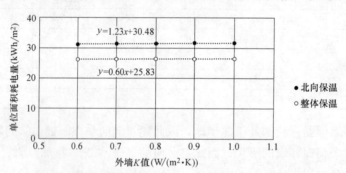

图 4-3 办公楼外墙整体保温与北向保温时耗电量随外墙 K 值的变化趋势

2. 周末加班与周末休息(图 4-4)

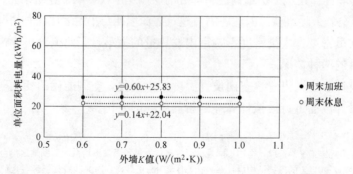

图 4-4 办公楼周末加班与休息时耗电量随外墙 K 值的变化趋势

3. 建筑窗墙比（图 4-5）

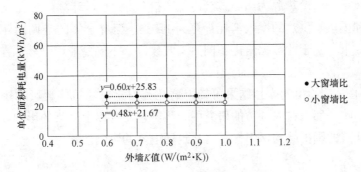

图 4-5　办公楼窗墙比不同时耗电量随外墙 K 值的变化趋势

4. 室内人员密度（图 4-6）

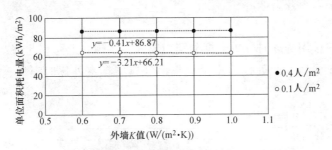

图 4-6　商场人员密度不同时耗电量随外墙 K 值的变化趋势

5. 室内设计温度（图 4-7）

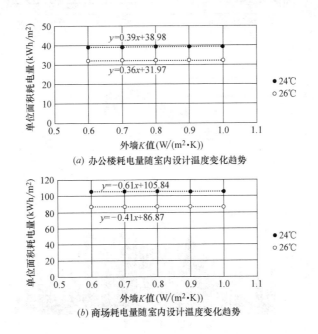

(*a*) 办公楼耗电量随室内设计温度变化趋势

(*b*) 商场耗电量随室内设计温度变化趋势

图 4-7　室内设计温度不同时耗电量随外墙 K 值的变化趋势

针对以上工况，首先通过建筑热过程模拟建筑逐时的耗冷量、耗热量，然后按照常规风机盘管加新风系统（冷热源为离心式制冷机＋燃气锅炉），计算出各工况的建筑空调能耗（包括供冷和供热，供热的燃气消耗折算为电耗），综合全年的空调能耗情况，论证保温性能的节能效果，基于此数据给出不同热工气候区、不同商业综合楼，在不同使用情况下的保温策略。

从图 4-3～图 4-7 给出的模拟结果可知，这几类因素对建筑能耗影响较小，可忽略其对建筑能耗的影响。那么在 4.3 节的研究中，将不再研究以上因素的影响，仅研究不同地区、不同功能建筑的围护结构保温性能对建筑耗电量的影响。

4.2.2　模拟模型

本研究将采用 DeST 作为模拟工具，对商业综合楼的围护结构保温设计进行研究。模拟的输入参数包括以下几方面。

1. 气象参数

在模拟计算中采用的逐时气象数据分别为成都、广州、上海、北京、哈尔滨及昆明六个地区典型气象年参数。此处仅给出了成都地区典型年室外逐时温度、湿度、太阳辐射热，如图 4-8 所示。

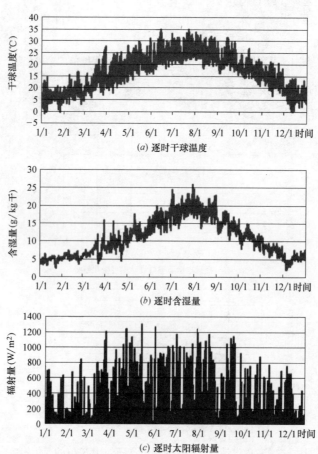

(a) 逐时干球温度

(b) 逐时含湿量

(c) 逐时太阳辐射量

图 4-8　成都地区典型年室外逐时干球温度、含湿量及太阳辐射量

2. 室内热扰及作息

室内热扰是指人员、照明和设备的散热、散湿。在计算模型中，每一时刻的室内发热量大小是由产热指标和作息模式共同决定的，通过设定这两个参数来描述逐时发热量。产热指标用于描述发热量的强度水平，作息模式用于描述发热量随时间的变化。室内热扰作息如图 4-9 所示。

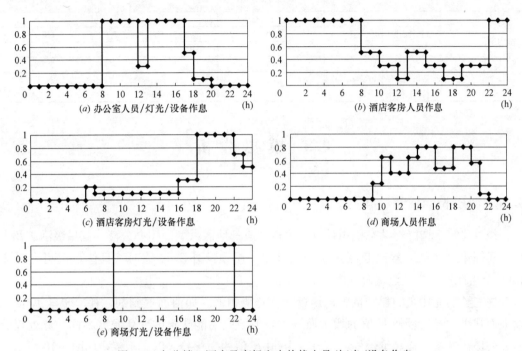

图 4-9　办公楼、酒店及商场室内热扰人员/灯光/设备作息

3. 室内空调设计参数

室内设计参数包括房间空调设定温度和湿度范围、人员新风量要求。

4. 空调启停作息

空调系统的服务时间根据建筑的使用时间确定。

表 4-4 为商业办公楼、酒店、商场的 DeST 三维模型、室内热扰的产热指标、室内空调设计参数及空调运行作息；图 4-9 为办公楼、酒店、商场室内热扰及作息。

办公楼、酒店、商场的三维模型、室内热扰、室内空调设计参数及空调运行作息　表 4-4

			办公楼	酒店	商场
DeST 三维模型					
室内热扰	人员密度	p/m²	0.1	2p/间	0.4
	人均发热量	W	61	70	58
	人均产湿量	g/h	0.109	0.096	0.184
	照明功率	W/m²	11	15	35
	设备功率	W/m²	20	13	13

续表

				办公楼	酒店	商场
DeST 三维模型						
室内空调 设计参数	夏季	温度	℃	26	24	26
		相对湿度	%	60	60	60
	冬季	温度	℃	20	22	20
		相对湿度	%	40	40	30
	最小新风量		m³/(h·p)	30	50	20
空调运行作息				7：00～20：00	24 小时	9：00～22：00

4.3 模 拟 分 析

4.3.1 成都

经过建筑空调能耗动态模拟计算，可得到成都地区大型商用办公楼、五星级酒店及大型商场等建筑在单因素改变围护结构的外墙、屋顶及外窗 K 值时（具体工况可参见表 4-4）全年耗冷量、耗热量及耗电量的变化。

这三类功能建筑的耗冷量、耗热量变化趋势相似。如前面提到的，耗冷量随 K 值的增大而减小，耗热量随 K 值的增大而增大，但不同功能建筑的变化幅度不同。此处仅给出办公楼耗冷量、耗热量随外墙 K 值、屋顶 K 值的变化趋势以作示范，如图 4-10 所示。

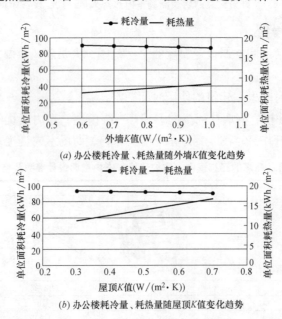

(a) 办公楼耗冷量、耗热量随外墙 K 值变化趋势

(b) 办公楼耗冷量、耗热量随屋顶 K 值变化趋势

图 4-10　办公楼耗冷量、耗热量随外墙 K 值、屋顶 K 值的变化趋势

下面从建筑的空调总能耗角度分析围护结构传热系数变化对能耗的影响。

4.3.1.1　办公

从能耗模拟计算结果看，外墙 K 值从 $1.0\ \mathrm{W/(m^2 \cdot K)}$ 降低到 $0.6\ \mathrm{W/(m^2 \cdot K)}$，办公楼全年耗电量（包括空调、供热两部分，下同）的变化幅度很小，$K=0.6$ 时比 $K=1.0$ 时降低了 1.4% 的空调能耗，如图 4-11 所示。因此，办公楼外墙 K 值只需满足公共建筑节能设计标准的要求即可。

屋顶 K 值对建筑顶层房间的室内冷热环境影响很大，但对非顶层几乎无影响，因此这里只分析屋顶 K 值变化对顶层耗电量的影响，下同。图 4-12 为屋顶 K 值从 $0.7\mathrm{W/(m^2 \cdot K)}$ 降低到 $0.3\mathrm{W/(m^2 \cdot K)}$ 时办公楼顶层耗电量的变化，其耗电量变化幅度比改变外墙 K 值时的要大，即屋顶 K 值为 0.3 时的空调耗电量比 K 值为 0.7 时降低了 4.5%。

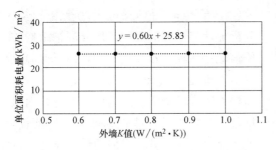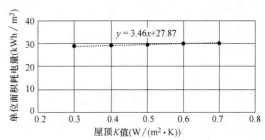

图 4-11　办公楼耗电量随外墙 K 值的变化趋势　　图 4-12　办公楼耗电量随屋顶 K 值的变化趋势

图 4-13 为外窗 K 值从 $2.5\mathrm{W/(m^2 \cdot K)}$ 降低到 $1.7\ \mathrm{W/(m^2 \cdot K)}$ 时办公楼的耗电量变化，耗电量变化幅度很小，减少了 0.3% 的空调能耗。因此，办公楼外窗 K 值仅需满足公共建筑节能设计标准的要求即可。

4.3.1.2　酒店

酒店的室内热扰、空调开启作息（24 小时运行）与办公楼差别很大，由图 4-14、图 4-15 可看出，酒店耗电量随外墙 K 值、屋顶 K 值的改变有较大变化。外墙的 K 值从 $1.0\mathrm{W/(m^2 \cdot K)}$ 减小到 $0.6\mathrm{W/(m^2 \cdot K)}$ 时，空调能耗减小 6.7%；屋顶的 K 值从 $0.7\mathrm{W/(m^2 \cdot K)}$ 减小到 $0.3\mathrm{W/(m^2 \cdot K)}$ 时，空调耗电量减小 8.3%。可见，减小外墙和屋顶的传热系数，对酒店的空调能耗影响较大。

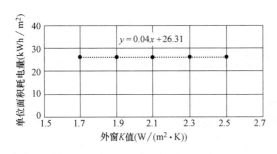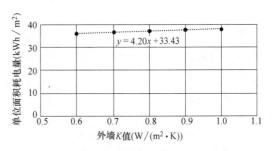

图 4-13　办公楼耗电量随外窗 K 值的变化趋势　　图 4-14　酒店耗电量随外墙 K 值的变化趋势

图 4-16 为改变外窗 K 值时酒店标准层耗电量的变化，外窗 K 值从 $2.5\mathrm{W/(m^2 \cdot K)}$ 减小到 $1.7\mathrm{W/(m^2 \cdot K)}$ 时，耗电量减少 8%。可见，减小酒店外窗的 K 值对空调能耗影响显著。

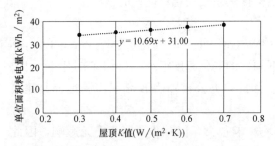

图 4-15 酒店耗电量随屋顶 K 值的变化趋势

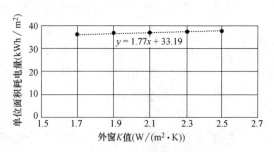

图 4-16 酒店耗电量随外窗 K 值的变化趋势

4.3.1.3 商场

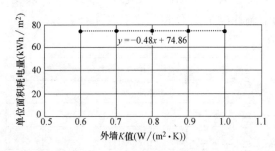

图 4-17 商场耗电量随外墙 K 值的变化趋势

图 4-17～图 4-19 为改变外墙、屋顶及外窗 K 值时商场耗电量的变化趋势。分析统计结果可知，这三部分围护结构的 K 值减小，耗电量反而增加，建筑保温没有实现节能的效果。原因如 4.1 节所述，商场无法实现夏季夜间通风，而建筑内热扰很大，全年供热能耗远低于供冷能耗，加强保温后，在夏季增加的供冷能耗超过了冬季减小的供热能耗，导致总耗电量会增大。因此，商场的外墙、屋顶及外窗的 K 值仅需满足公共建筑节能设计标准的要求即可，不应采用更低的传热系数。

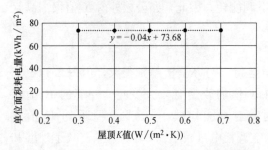

图 4-18 商场耗电量随屋顶 K 值的变化趋势

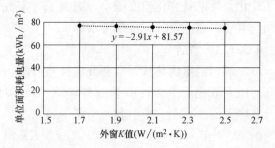

图 4-19 商场耗电量随外窗 K 值的变化趋势

4.3.2 广州

广州地区拟设定的围护结构保温工况基于当地节能标准确定，办公楼、酒店及商场的围护结构分析工况见表 4-5。

办公楼耗冷量、耗热量随外墙 K 值、屋顶 K 值的变化趋势如图 4-20 所示。

广州地区办公楼、酒店及商场围护结构模拟工况 表 4-5

序号	外墙 K	屋顶 K	外窗 K	外窗 SC
1	1.5	0.9	3.0	0.35/0.45
2	1.3	0.8	2.7	0.35/0.45
3	1.1	0.7	2.4	0.35/0.45
4	0.9	0.6	2.1	0.35/0.45
5	0.7	0.5	1.8	0.35/0.45

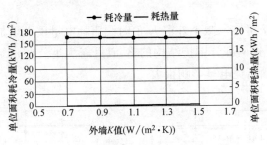

(a) 办公楼耗冷量、耗热量随外墙K值变化趋势

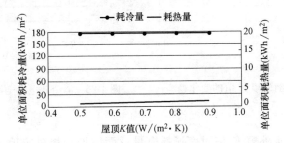

(b) 办公楼耗冷量、耗热量随屋顶K值变化趋势

图 4-20　办公楼耗冷量耗热量随外墙 K 值、屋顶 K 值的变化趋势

4.3.2.1　办公

从以下办公楼模拟结果可知，减小外墙、外窗 K 值时办公楼耗电量反而增加；同时，改变屋顶 K 值对耗电量影响很小，因此这三部分围护结构的 K 值只需满足公共建筑节能设计标准的要求即可。

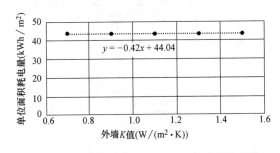

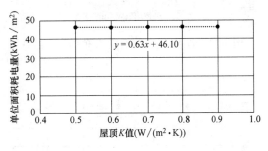

图 4-21　办公楼耗电量随外墙 K 值的变化趋势　　图 4-22　办公楼耗电量随屋顶 K 值的变化趋势

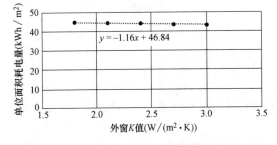

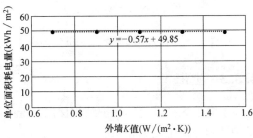

图 4-23　办公楼耗电量随外窗 K 值的变化趋势　图 4-24　北向办公楼耗电量随外墙 K 值的变化趋势

4.3.2.2 酒店

从图 4-25～图 4-27 可知，减小外窗 K 值时酒店耗电量反而增加；同时，改变外墙 K 值对耗电量影响很小，这两部分围护结构的 K 值只需满足公共建筑节能设计标准的要求即可。而屋顶 K 值对酒店耗电量影响很大。

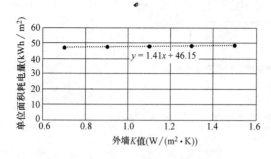

图 4-25 酒店耗电量随外墙 K 值的变化趋势

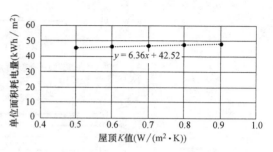

图 4-26 酒店耗电量随屋顶 K 值的变化趋势

4.3.2.3 商场

减小外墙、屋顶及外窗 K 值时商场耗电量反而增加，相对应地，商场 K 值只需满足公共建筑节能设计标准的要求即可。

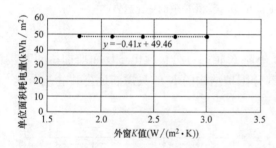

图 4-27 酒店耗电量随外窗 K 值的变化趋势

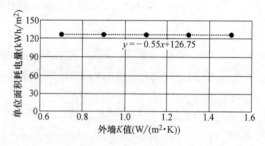

图 4-28 商场耗电量随外墙 K 值的变化趋势

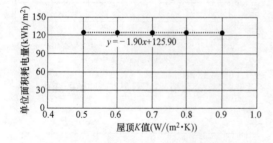

图 4-29 商场耗电量随屋顶 K 值的变化趋势

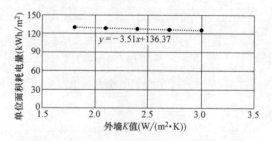

图 4-30 商场耗电量随外窗 K 值的变化趋势

4.3.3 上海

上海地区拟设定的围护结构保温工况基于当地节能标准确定，办公楼、酒店及商场的围护结构分析工况见表 4-6。

办公楼耗冷量耗热量随外墙 K 值、屋顶 K 值的变化趋势如图 4-31 所示。

上海地区办公楼、酒店及商场围护结构模拟工况　　　　表 4-6

序号	外墙 K	屋顶 K	外窗 K	外窗 SC
1	1.0	0.7	2.5	0.40/0.50
2	0.9	0.6	2.3	0.40/0.50
3	0.8	0.5	2.1	0.40/0.50
4	0.7	0.4	1.9	0.40/0.50
5	0.6	0.3	1.7	0.40/0.50

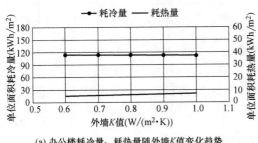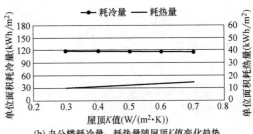

(a) 办公楼耗冷量、耗热量随外墙 K 值变化趋势　　(b) 办公楼耗冷量、耗热量随屋顶 K 值变化趋势

图 4-31　办公楼耗冷量、耗热量随外墙 K 值、屋顶 K 值的变化趋势

4.3.3.1　办公

分析图 4-32～图 4-35 可知，减小外窗 K 值时办公楼耗电量反而增加；同时，外墙、屋顶 K 值对耗电量影响很小，这三部分围护结构的 K 值只需满足公共建筑节能设计标准的要求即可。

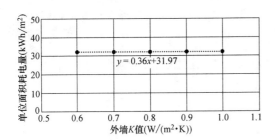

图 4-32　办公楼耗电量随外墙 K 值的变化趋势　　图 4-33　办公楼耗电量随屋顶 K 值的变化趋势

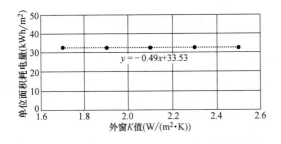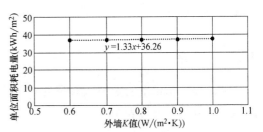

图 4-34　办公楼耗电量随外窗 K 值的变化趋势　　图 4-35　北向办公楼耗电量随外墙 K 值的变化趋势

4.3.3.2　酒店

从图 4-36～图 4-38 可知，外窗 K 值对酒店耗电量影响很小，其 K 值只需满足公共建筑节能设计标准的要求即可。而外墙、屋顶 K 值对酒店耗电量影响很大。

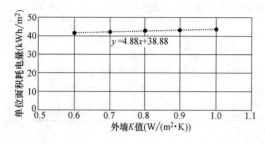

图 4-36 酒店耗电量随外墙 K 值的变化趋势

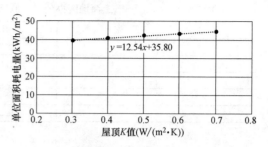

图 4-37 酒店耗电量随屋顶 K 值的变化趋势

4.3.3.3 商场

从图 4-39～图 4-41 可知，减小外墙、外窗 K 值时商场耗电量反而增加；同时，屋顶 K 值的改变对耗电量影响很小，这三部分围护结构的 K 值只需满足公共建筑节能设计标准的要求即可。

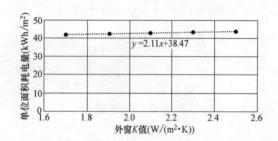

图 4-38 酒店耗电量随外窗 K 值的变化趋势

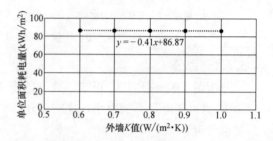

图 4-39 商场耗电量随外墙 K 值的变化趋势

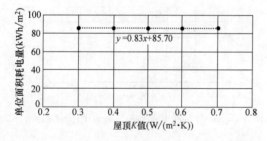

图 4-40 商场耗电量随屋顶 K 值的变化趋势

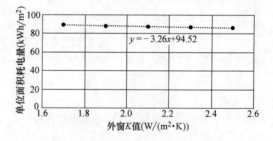

图 4-41 商场耗电量随外窗 K 值的变化趋势

4.3.4 北京

北京地区拟设定的围护结构保温工况基于当地节能标准确定，办公楼、酒店及商场的围护结构分析工况见表 4-7。

北京地区办公楼、酒店及商场围护结构模拟工况 表 4-7

序号	外墙 K	屋顶 K	外窗 K	外窗 SC
1	0.8	0.6	2.2	0.45/—
2	0.7	0.5	2.0	0.45/—
3	0.6	0.4	1.8	0.45/—
4	0.5	0.3	1.6	0.45/—
5	0.4	0.2	1.4	0.45/—

办公楼耗冷量耗热量随外墙 K 值、屋顶 K 值的变化趋势如图 4-42 所示。

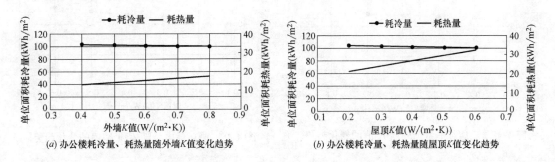

(a) 办公楼耗冷量、耗热量随外墙 K 值变化趋势　　(b) 办公楼耗冷量、耗热量随屋顶 K 值变化趋势

图 4-42　办公楼耗冷量、耗热量随外墙 K 值、屋顶 K 值的变化趋势

4.3.4.1　办公

从办公楼的模拟结果（图 4-43～图 4-46）分析，外墙、外窗 K 值对耗电量影响很小，这两部分围护结构的 K 值只需满足公共建筑节能设计标准的要求即可。而屋顶、北向外墙 K 值对建筑耗电量影响很大。

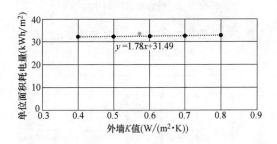

图 4-43　办公楼耗电量随外墙 K 值的变化趋势　　图 4-44　办公楼耗电量随屋顶 K 值的变化趋势

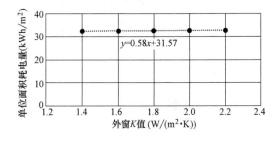
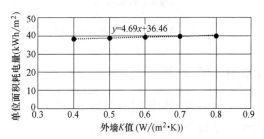

图 4-45　办公楼耗电量随外窗 K 值的变化趋势　　图 4-46　北向办公楼耗电量随外墙 K 值的变化趋势

4.3.4.2　酒店

从以下模拟结果可知（图 4-47～图 4-49），改变外墙、屋顶及外窗 K 值对酒店耗电量影响都很大。

4.3.4.3　商场

分析以下模拟结果（图 4-50～图 4-52）可知，减小外窗 K 值时商场耗电量反而增加；同时，外墙 K 值对耗电量影响很小，这两部分围护结构的 K 值只需满足公共建筑节能设计标准的要求即可。而屋顶 K 值对商场耗电量影响很大。

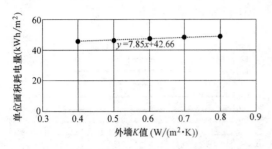

图 4-47　酒店耗电量随外墙 K 值的变化趋势

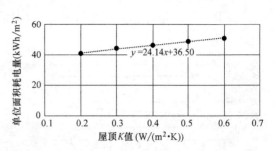

图 4-48　酒店耗电量随屋顶 K 值的变化趋势

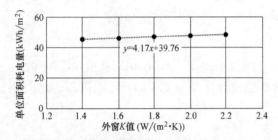

图 4-49　酒店耗电量随外窗 K 值的变化趋势

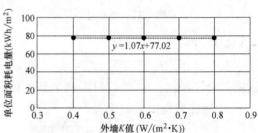

图 4-50　商场耗电量随外墙 K 值的变化趋势

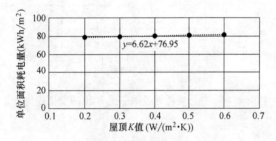

图 4-51　商场耗电量随屋顶 K 值的变化趋势

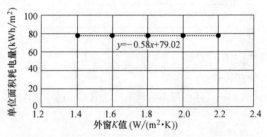

图 4-52　商场耗电量随外窗 K 值的变化趋势

4.3.5　哈尔滨

哈尔滨地区拟设定的围护结构保温工况基于当地节能标准确定，办公楼、酒店及商场的围护结构分析工况见表 4-8。

哈尔滨地区办公楼、酒店及商场围护结构模拟工况　　　　　　　　表 4-8

序号	外墙 K	屋顶 K	外窗 K	外窗 SC
1	0.45	0.35	1.7	0.50/—
2	0.40	0.30	1.6	0.50/—
3	0.35	0.25	1.5	0.50/—
4	0.30	0.20	1.4	0.50/—
5	0.25	0.15	1.3	0.50/—

办公楼耗冷量耗热量随外墙 K 值、屋顶 K 值的变化趋势如图 4-53 所示。

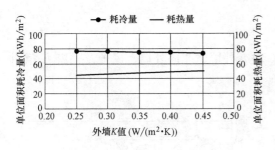
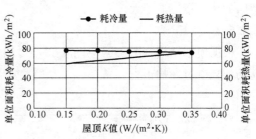

(a) 耗冷量耗热量随外墙 K 值变化趋势　　　　(b) 办公楼耗冷量耗热量随屋顶变化趋势

图 4-53　办公楼耗冷量耗热量随外墙 K 值、屋顶 K 值的变化趋势

4.3.5.1　办公楼

从图 4-54～图 4-57 可知，改变外墙、北向外墙、屋顶及外窗 K 值对办公楼的耗电量影响很大。

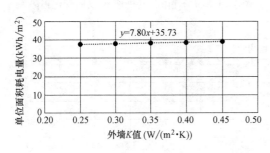

图 4-54　办公楼耗电量随外墙 K 值的变化趋势

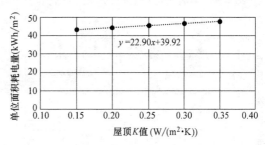

图 4-55　办公楼耗电量随屋顶 K 值的变化趋势

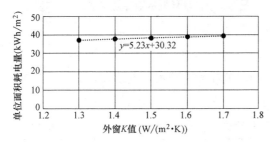

图 4-56　办公楼耗电量随外窗 K 值的变化趋势

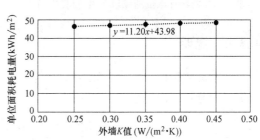

图 4-57　北向办公楼耗电量随外墙 K 值的变化趋势

4.3.5.2　酒店

根据模拟结果（图 4-58～图 4-60）得知，改变外墙、北向外墙、屋顶及外窗 K 值对

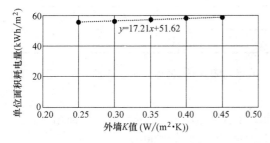

图 4-58　酒店耗电量随外墙 K 值的变化趋势

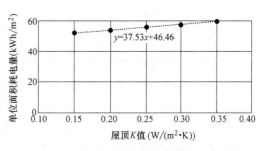

图 4-59　酒店耗电量随屋顶 K 值的变化趋势

酒店的耗电量影响很大。

4.3.5.3 商场

根据模拟结果（图 4-61～图 4-63）得知，改变外墙、北向外墙、屋顶及外窗 K 值对商场的耗电量影响很大。

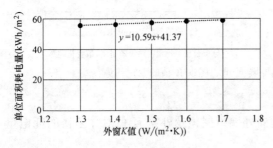

图 4-60 酒店耗电量随外窗 K 值的变化趋势

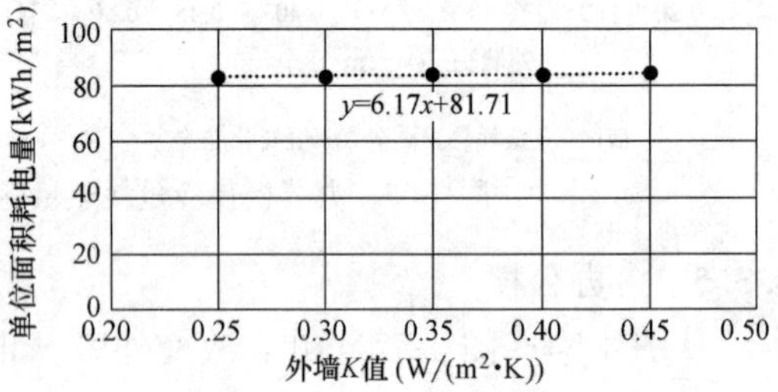

图 4-61 商场耗电量随外墙 K 值的变化趋势

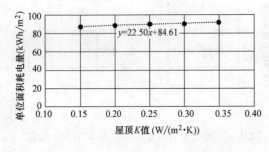

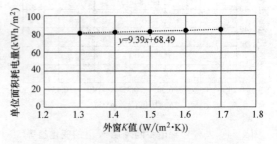

图 4-62 商场耗电量随屋顶 K 值的变化趋势

图 4-63 商场耗电量随外窗 K 值的变化趋势

4.3.6 昆明

昆明地区拟设定的围护结构保温工况基于当地节能标准确定，办公楼、酒店及商场的围护结构分析工况见表 4-9。

昆明地区办公楼、酒店及商场围护结构模拟工况　　　　　　　　　表 4-9

序号	外墙 K	屋顶 K	外窗 K	外窗 SC
1	1.8	1.2	3.0	0.45/0.55
2	1.7	1.1	2.7	0.45/0.55
3	1.6	1.0	2.4	0.45/0.55
4	1.5	0.9	2.1	0.45/0.55
5	1.4	0.8	1.8	0.45/0.55

办公楼耗冷量耗热量随外墙 K 值、屋顶 K 值的变化趋势如图 4-64 所示。

4.3.6.1 办公楼

从图 4-65～图 4-68 可知，减小外墙、屋顶及外窗 K 值时办公楼耗电量反而增加，这三部分围护结构的 K 值只需满足公共建筑节能设计标准的要求即可。

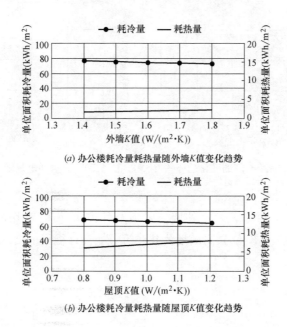

(a) 办公楼耗冷量耗热量随外墙 K 值变化趋势

(b) 办公楼耗冷量耗热量随屋顶 K 值变化趋势

图 4-64　办公楼耗冷量耗热量随外墙 K 值、屋顶 K 值的变化趋势

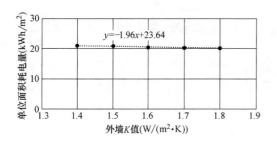

图 4-65　办公楼耗电量随外墙 K 值的变化趋势

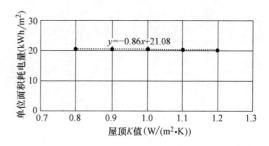

图 4-66　办公楼耗电量随屋顶 K 值的变化趋势

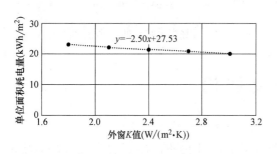

图 4-67　办公楼耗电量随外窗 K 值的变化趋势

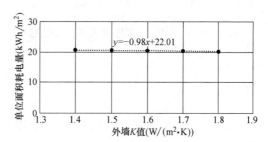

图 4-68　北向办公楼耗电量随外墙 K 值的变化趋势

4.3.6.2　酒店

根据计算结果可知，减小外窗 K 值时酒店耗电量反而增加；同时，外墙 K 值对耗电量影响很小，这两部分围护结构的 K 值只需满足公共建筑节能设计标准的要求即可。而屋顶 K 值对酒店耗电量影响较大。如图 4-69～图 4-71 所示。

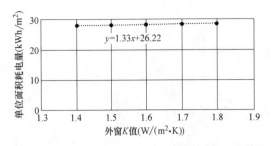

图 4-69　酒店耗电量随外墙 K 值的变化趋势图

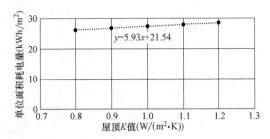

图 4-70　酒店耗电量随屋顶 K 值的变化趋势

4.3.6.3　商场

从图 4-72～图 4-74 可知，减小外墙、屋顶及外窗 K 值时商场耗电量反而增加，因此，这三部分围护结构的 K 值只需满足公共建筑节能设计标准的要求即可。

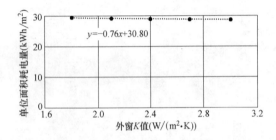

图 4-71　酒店耗电量随外窗 K 值的变化趋势

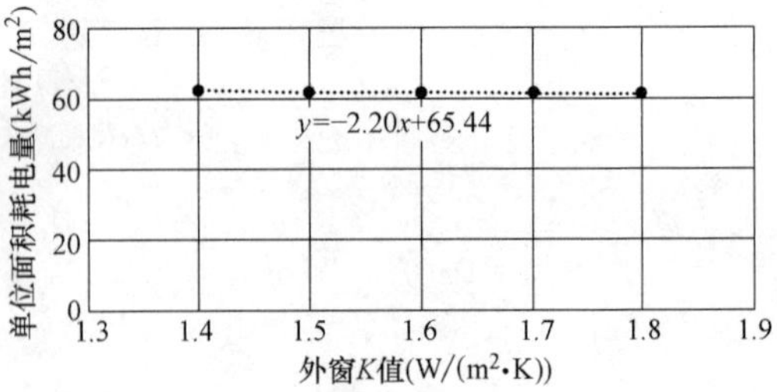

图 4-72　商场耗电量随外墙 K 值的变化趋势

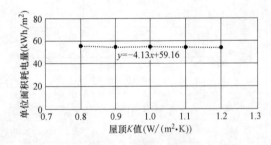

图 4-73　商场耗电量随屋顶 K 值的变化趋势

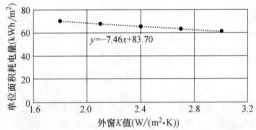

图 4-74　商场耗电量随外窗 K 值的变化趋势

4.4　研 究 结 论

通过对各气候区代表城市三类建筑围护结构部件多工况模拟分析后，得到各气候区适宜采用的保温策略总结见表 4-10。对各气候区不同建筑围护结构传热系数设计的策略可分以下三种：

（1）围护结构的保温可以突破节能设计标准的要求，采用围护结构权衡判断的方法，优化传热系数，传热系数可高于节能设计标准中要求的限值；

（2）围护结构的保温仅需要达到节能设计标准的要求，传热系数取节能设计标准中要求的限值，不需要在标准基础上加强保温；

（3）围护结构的保温可高于节能设计标准的要求，传热系数可低于节能设计标准中要求的限值，可以在标准基础上继续加强保温。

各地区围护结构 K 值范围　　　　　　　　　　　　　　表 4-10

气候区	建筑功能	外墙 K 值	屋顶 K 值	外窗 K 值
夏热冬暖地区	办公	A	B	A
	酒店	B	C	B
	商场	A	A	A
夏热冬冷地区	办公	A	C	A
	酒店	C	C	C
	商场	A	B	A
寒冷地区	办公	B	C	B
	酒店	C	C	C
	商场	B	C	B
严寒地区	办公	C	C	C
	酒店	C	C	C
	商场	C	C	C
温和地区	办公	A	A	A
	酒店	B	C	B
	商场	A	A	A

各城市各部分围护结构 K 值取值❶　　　　　　　　　表 4-11

气候区	建筑功能	外墙 K 值	屋顶 K 值	外窗 K 值
夏热冬暖地区	办公	$=1.5$	$=0.9$	$=3.0$
	酒店	$=1.5$	<0.9	$=3.0$
	商场	$=1.5$	$=0.9$	$=3.0$
夏热冬冷地区	办公	$=1.0$	<0.7	$=2.5$
	酒店	<1.0	<0.7	<2.5
	商场	$=1.0$	$=0.7$	$=2.5$
寒冷地区	办公	$=0.8$	<0.6	$=2.2$
	酒店	<0.8	<0.6	<2.2
	商场	$=0.8$	<0.6	$=2.2$
严寒地区	办公	<0.45	<0.35	<1.7
	酒店	<0.45	<0.35	<1.7
	商场	<0.45	<0.35	<1.7
温和地区	办公	$=1.8$	$=1.2$	$=3.0$
	酒店	$=1.8$	<1.2	$=3.0$
	商场	$=1.8$	$=1.2$	$=3.0$

❶ 表 4-11 围护结构参数取值，暂按《公共建筑节能设计标准》GB 50189—2005 确定，具体到有地方细则的各地区，其标准参数可能与 GB 50189 的推荐参数不一致，出现上表参数不符合地方细则的情况，建议此时仍可按照上表推荐参数设计，通过权衡判断满足地方节能设计标准。

第 5 章　空调设备选型方法

5.1　空调设备选型的重要意义

目前，在大型公共建筑空调系统中，冷机容量配置大于实际用冷量尖峰负荷的状况具有一定普遍性[1-5]。文献［6］中调研了多个酒店项目的冷机和锅炉的安装容量和使用情况，几乎所有的调研对象，无论冷机还是锅炉，最大开机台数均小于安装台数，常用开机台数则更是只有安装台数的 1/3～1/2，文献[3,4]调研了北京 10 家商场，多数商场峰值冷负荷只有冷机容量的 2/3 左右，个别建筑只使用了 50％的冷机容量，以上说明，在公共建筑中，冷热源设备容量配置过大是普遍存在的问题。这会造成大量的冷机闲置及冷机匹配不合理，并且冷机在大部分时间运行在较小负荷率下，造成巨大初投资及建筑空间的浪费，并且降低了冷机效率、增加系统能耗。从文献［3］调研中发现，虽然冷机容量大于实际尖峰供冷量的现象具有一定的普遍性，但其设计冗余量的多少却存在较大差异，并且大部分案例具有建筑规模越大、设计冗余量越高的特点。

然而在空气处理设备（例如 AHU）选型中采用的负荷计算方法与冷源计算相同，但往往却出现容量不足的状况[3]，通常在室外温度较高、太阳辐射强烈或人数较多时出现房间温湿度有可能得不到保证的情况。

综上所述，目前负荷计算方法和设备选型方法在计算冷机容量时往往会有较大的冗余量，而同样计算末端容量时却时而出现容量不足的状况。如何分析产生这一矛盾的主要原因，并提出一种更为合理的负荷计算方法和设备选型方法来确定大型商业建筑空调设备的容量，避免出现建筑内空调冷热源设备大量闲置、末端容量不足的现象，对精细化设计具有重要的意义。

5.2　负荷计算与设备选型方法介绍

5.2.1　负荷计算影响因素分析

从冷负荷的组成来看，建筑冷负荷主要包括室内发热负荷、新风负荷、围护结构传热及太阳辐射负荷等。从负荷计算过程看，负荷计算结果会影响设备选型，而影响负荷计算结果的主要因素包括：计算方法（工具）、建筑围护结构参数、室内设计参数、安全系数、同时使用系数。

对空调负荷计算理论研究、计算工具开发和软件案例验证，业内已经做了大量的工作，在保证计算模型基本参数输入准确的前提下，不同软件和算法计算结果差别不大，可以为工程所接受[7]，因此计算方法和工具本身不会是造成计算负荷显著偏大的原因。

关于计算负荷采用的围护结构热工参数一般根据建筑设计构造计算或者采用产品测试值或者采用节能标准规定限值，在实际项目的施工过程中，这些参数一般并不会比计算值更好，相反，受施工质量、产品质量的影响，有时还达不到设计值，这会造成实际空调负荷更大，因此围护结构参数也不会是造成负荷计算值偏高的原因。

室内设计参数包括室内环境控制标准参数（温度、湿度、新风量）和室内发热负荷（人员密度、照明和设备功率密度）。在清华大学建筑节能研究中心过去参与的多个工程实践中，不同设计单位对同一个项目的空调负荷计算值差别很大，通过研究发现，这种差异的主要原因来自于不同设计单位采用的室内设计参数不同，而采用相同输入参数时，各设计单位采用不同软件计算得到的负荷结果是基本一致的。另外，文献［8］对室内设计参数对百货商场的空调负荷影响进行了分析，也得出室内温湿度和人员密度、新风量对空调负荷影响显著的结论。

考虑不可预见的因素、设备性能衰减等，工程上一般会对负荷计算值附加一定安全系数。不同项目、不同设计人员对此处理不同，会对计算结果造成一定的影响，一般在5%～10%，这与文献中提到的负荷偏高比例有不小差距。安全系数可能是导致负荷计算结果偏高的一个因素，但一般影响不超过 10%。

关于同时使用系数，文献［9］指出应考虑各空调区在使用时间上的不同，采用小于1 的同时使用系数，这会减小冷热源选型用空调负荷计算值，但文献［9］并未给出具体取值参考；同时使用系数考虑取值偏高或者不考虑同时使用系数，会在一定程度使空调负荷计算值偏大。

综上，影响空调负荷计算的因素较多，实际项目计算负荷偏大的结果很可能是多个因素同时作用的结果，室内设计参数则是其中很重要的一个因素。计算采用的室内环境控制标准参数（温度、湿度、新风量）确定依据主要是标准规范的规定和业主要求，而室内使用状态参数（人员密度、照明和设备功率密度）主要依据业主对项目的经营要求，或者由设计师根据工程经验确定。文献［9］给出了室内温湿度范围，选择范围较大，设计选用时有较大自由度，文献［10］给出了室内温湿度参数的建议值，非强制性条文，而室内人员、照明和设备参数，因与建筑具体使用情况有关，设计手册一般只提供部分建议值，如文献［11］提供了部分功能房间的人员密度和照明功率密度的参考值。与标准规范相对宽泛的要求相比较，随着经济的发展，项目业主往往会从商业运营的角度对空调运行标准提出较高的要求，特别是商业定位较高的高级酒店、商场、办公楼，项目业主非常重视提供高标准的服务，希望为所有的租户、顾客随时都提供满意的环境。图 5-1 是几栋写字楼部分楼层和租户的室内使用参数调查数据：不同租户的室内空调温度（夏季）差别明显，分布在 21～26℃之间；不同租户的人员密度、照明和设备功率密度也有显著差别，人员密度大体分布在 0.07～0.2 人/ m^2，照明和设备总功率密度分布在 20～80W/m^2。这些调研数据充分说明，在公共建筑中，不同使用者对室内环境参数要求不同、室内使用状态不同是客观存在的现象，室内的舒适温湿度、室内的发热量参数都分布在一个范围，而不会是一个固定的数值。

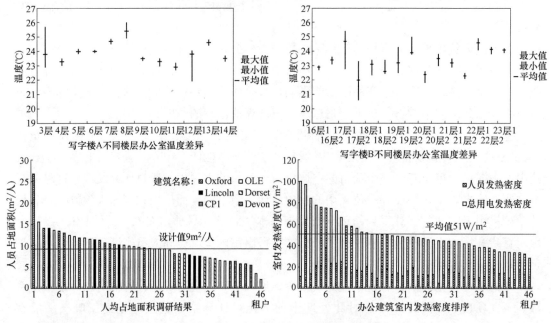

图 5-1　实际建筑室内参数调研测试结果

5.2.2　计算方法介绍

由于室内发热密度及室内环境参数的分布特性，在实际中难以选择能够100%保证使用需求的设计参数，可以选择一定的保证率并根据调研的分布特性计算得到设计用参数，图5-2所示为调研、分析、统计、计算得到设计用室内发热量参数及室内环境参数的方法。

如图所示，通过调研实际各类建筑中的人员密度、照明功率密度、设备功率密度、夏季室内温度、夏季室内湿度、冬季室内温度、冬季室内湿度、新风量等参数的实际运行值，得到各种建筑类型、各类设计参数的数据集；使用统计学方法对数据集进行处理及分析，选择适宜的分布函数描述方法，并得到各种建筑类型、各类设计参数的分布函数；根据建筑档次定位，分别给出各类参数的冷源及末端设备保证率，此保证率并不代表冷源或者末端设备的整体保证率，例如95%保证率表示计算的室内发热负荷能够保证95%概率的实际室内发热量的冷量需求。需要说明的是，冷负荷不仅包括室内发热量，还包括围护结构传热、太阳辐射等，即使在室内发热密度处在5%的不保证率范围内，其他形式冷负荷也出现在最大值的可能性极低，因而空调设备的整体保证率要高于95%。也就是说冷源或者末端设备的整体保证率将更高。

在进行空调冷源及末端设备的负荷计算时，在几个方面需要分别选择设计参数：①保证率：由于冷机负责整个建筑，而末端设备负责部分区域，因而冷机计算中的保证率要高于末端设备；②室内发热量：分别为人员密度、照明功率密度、设备功率密度，每个房间都有可能出现较高的室内发热量，但所有房间都出现的可能性极低，因而在进行冷机设备选型时需要根据选择的保证率及室内发热量的分布特性选择合理的、适宜的参数取值；③室内空气设计参数：在夏天，某些房间使用者要求温度较低，因而为了保证这部分需求在计算末端设备负荷时要选择较低的设计室内温度，对于冷机，并非所有房间的温度要求

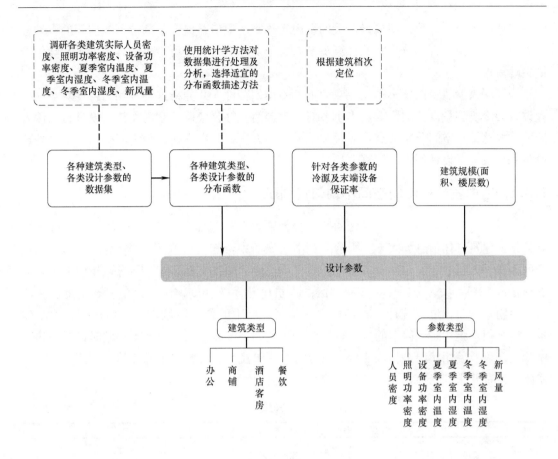

图 5-2　设计参数获取方法

都同样低，在计算冷机负荷时可选择稍高的平均设计室内温度；④新风量：对于定风量系统，空调冷源和末端设备选择相同的新风量参数，对于变风量系统，并非所有房间的新风机工作在额定风量下，计算冷源设备负荷的新风量要小于末端设备的新风量参数。以下两部分将针对末端设备及冷源的不同特性，通过调研结果给出各个参数的推荐值及具体计算方法。

其中，室内发热量是影响设计负荷和设备选型的重要因素之一，所以下面以室内发热量为例，介绍设计用室内发热量参数的具体计算方法。

5.3　设计用室内发热量的计算方法

随着现代化办公设备的发展，室内发热负荷大大增加，在总负荷中所占比例也越来越大[12,13]。通过一项对空调设计者的问卷调查发现[14]，冷机设计冗余的出现是多因素共同作用的结果，其中就包括室内得热的不确定性。通过文献［15-19］调研发现，在各类建筑中室内发热密度的实际情况并非恒定不变的，且其变化范围比较广泛[17,19]，例如在办公建筑中小功率设备发热密度在 $6 \sim 34 W/m^2$ 之间变化[19]。在办公室内，由于各租户的员工数量、装修的照明要求、电脑等设备的配置不同，都导致不同区域的室内发热密度的差异性。由于在设计初期并不能确定最终使用的实际发热密度，因而常常选择保守的室内

47

发热密度作为设计参数，即选择偏大的室内发热密度取值，保证了部分不利房间的末端容量需求。但是由于大部分房间的计算负荷要大于实际负荷，使得冷机的容量大于实际供冷量尖峰需求。

为了深入调研室内发热密度在空间上的不均匀特性，并分析这种不均匀特性对空气处理设备和冷机容量设计的影响，本小节对一大型商业办公楼群的室内发热密度进行了深入调研，并总结其空间分布特点，通过模拟分析的方法，提出了在这种空间分布下空气处理设备和冷机容量设计的定量计算方法。

5.3.1 室内发热密度的空间不均匀性调研

本调研对象是香港的一个甲级商业办公楼群，总建筑面积为 54.90 万 m^2，共有 7 栋办公楼，建筑具体信息如表 5-1 所示。在本次调研中，随机选取了 46 个租户，调研各租户区面积、人员数量、照明及各类办公设备用电量，根据文献[20]要求，单位人员全热发热量取 134W/人，分别计算各租户区的人员全热发热密度、用电设备发热密度。在调研中以租户为单位进行统计，若某租户只租用一层中的部分区域，则此租户作为一个样本，若某租户租用一层以上的办公楼层，则每层办公区域作为一个样本。同时，对各建筑中冷机配置及使用状况进行调研，通过逐时冷冻水流量和供、回水温度的监测值，计算其实际供冷量并求其峰值，并与冷机总容量进行对比。

表 5-1

调研香港办公楼基本信息

	A	B	C	D	E	F	G
总建筑面积(万 m^2)	6.22	8.24	4.47	16.75	6.41	2.95	9.86
楼层数(层)	27	40	23	67	41	36	29
标准办公层面积(m^2)	2730	1500	1440	2380	1250	760	2820
调研租户数量(个)	5	4	6	20	11	0	0

通过对以上办公楼的室内发热密度调研，共获得 46 个商业租户的调查结果。使用文献[21]中的方法，在调研样本中选择有效样本进行统计。经过预处理后得到 40 个有效样本，并将其按室内发热密度从大到小依次排序，如图 5-3 所示，调研结果发现各租户实际室

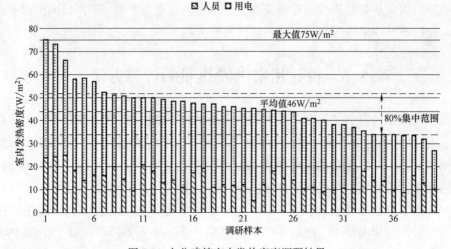

图 5-3 办公建筑室内发热密度调研结果

内发热密度差异较大，其中最小值为 $29\mathrm{W/m^2}$，最大值为 $75\mathrm{W/m^2}$，平均值为 $46\mathrm{W/m^2}$，其中 80% 的样本集中在 $33\sim53\mathrm{W/m^2}$ 的范围内。由于室内发热密度存在一定的随机性和分布特性，各租户室内发热密度存在明显的差异，因而难以确定一个合理、固定的室内发热密度取值作为计算依据，例如若选择平均值作为取值参数则会使大约 50% 的空气处理设备产生容量不足的问题，若选择 $75\ \mathrm{W/m^2}$ 作为取值参数，又会造成冷机余量偏大。这种参数取值上的矛盾为空调设计选型带来了很大的困扰。

　　由于本调研案例不具有特殊性，且室内发热密度的空间不均匀分布特性是普遍存在的，多种因素叠加共同形成了这种空间分布不均匀的特性，例如租户行业（IT、销售、银行）、租户规模（大企业、小企业）、租户使用习惯等都是形成这种特性的显著影响因素。

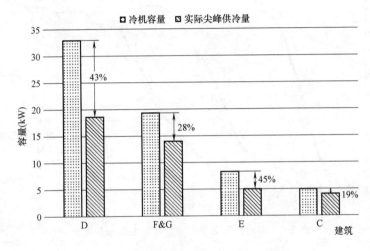

图 5-4　调研建筑冷机容量与实际供冷量

　　同时，如图 5-4 所示，通过这几栋办公楼实际用冷量与冷机装机容量对比的调研，图中"实际尖峰供冷量"为 2009～2011 年供冷期的尖峰供冷量，"冷机容量"是建筑中安装冷机总容量。从调研可以发现，这些建筑中规模越大、需冷量越高时，冷机设计余量也随之越高，文献［3］中的调研结果也存在这种冷机设计余量随建筑规模的增大而升高的情况。

5.3.2　室内发热密度的空间分布特性及数学描述

　　从调研结果发现，实际室内发热密度存在空间不均匀分布特性，此特性对计算建筑负荷的影响较大。文献［22］表明，在计算建筑负荷时需要考虑建筑中最大和最小室内发热量下的建筑负荷，得到两条负荷曲线，实际负荷在两条负荷曲线之间出现，在选择空调设备、运行方案时需要对两条曲线进行考虑。文献［23］使用分布函数描述公共建筑中灯具的发热密度的分布特性，使用平均值及特征值描述其分布特性。以上研究提出了室内发热密度在一定范围内变化的事实，并可以使用分布函数描述室内发热密度的空间分布特性，为解决设计中室内发热密度的选择问题提供了解决途径，根据建筑的档次定位选择空调系统保证率，利用室内发热密度的分布函数求得设计取值。但由于不同设备负责区域不同、选型的要求不同，例如冷机负责为整个建筑供冷，AHU 只负责部分区域供冷，负责区域大小不同时的室内发热密度的分布函数特征不同，使得设计室内发热密度取值不同，因此本文针对室内发热密度的分布特性提出不同空调设备的设计取值计算方法。

图 5-5 中实线为实际样本累积分布曲线，分为人员发热密度、用电发热密度、室内总发热密度的实际累积分布。根据图中曲线的形式特征，选用正态分布函数来描述室内发热密度的分布特性。正态分布的概率密度函数为：$f(x) = \dfrac{1}{\sqrt{2\pi}\sigma} e^{-\frac{(x-\mu)^2}{2\sigma^2}}$，其中 μ 是期望值，

σ 为标准差，正态分布累积函数为 $F(x) = \displaystyle\int_{-\infty}^{+\infty} f(x)\mathrm{d}x$。对调研获得的有效样本进行统计，其人员发热密度、设备发热密度、室内总发热密度的平均值和标准差如表 5-2 所示。

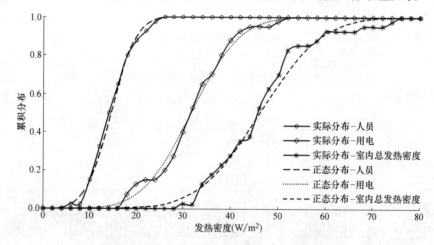

图 5-5　室内发热密度实际分布与正态分布比较

有效调研样本特征值　　　　　　　　　　　　　　　　　　表 5-2

含义	人员发热密度(W/m²)	用电发热密度(W/m²)	室内总发热密度(W/m²)
平均值 μ	14.5	31.7	46.2
标准差 σ	4.3	8.1	10.2

利用表 5-2 中有效样本的平均值及标准差得到正态分布累积函数曲线，如图 5-5 中虚线所示，分别为人员、灯光和设备等用电量、室内总发热密度对应正态分布函数。图 5-5 中虚线为拟合分布曲线，图 5-5 中实线为实际分布曲线，将两者进行对比，人员、灯光和设备及室内总发热密度的拟合正态分布相符度较高，相关系数 R^2 分别为 0.9973、0.9975、0.9947，因此可以使用正态分布函数来描述室内发热密度的空间不均匀特性。

正态分布中，期望值 μ 决定了各租户室内发热密度的平均水平，而标准差 σ 反映了分布的离散度，分别称之为室内发热密度空间平均值、室内发热密度空间离散度，在图 5-5 中，由于人员、用电、室内总发热密度所受影响因素依次增加，因此其标准差逐渐增大，其分布离散度逐渐增加。

总结以上对比分析，正态分布函数可以用来描述办公建筑中室内发热密度的空间不均匀分布特性，其期望值及标准差分别用来描述室内发热密度空间平均值及室内发热密度空间离散度，期望值越大则室内发热密度平均值越大，标准差越大则室内发热密度的离散度

越大。在拥有大量调研数据的情况下，通过统计有效调研案例的平均值及标准差获得，现阶段通过 40 个样本量统计得到的平滑分布函数可初步满足分析计算的需求。

5.3.3　室内发热密度空间不均匀特性对空调末端设备选型的影响

如前所述，室内发热密度作为影响负荷计算及设备选型的重要参数之一，其合理的取值是保证室内舒适度和减小设备余量的重要前提。

若已知租户室内发热密度分布函数，并使用正态分布函数进行描述，在确定空气处理设备计算用室内发热密度时首先需要选取设备保证率，例如 95% 保证率表示计算的室内发热负荷能够保证 95% 概率的实际室内发热量的冷量需求。需要说明的是，冷负荷不仅包括室内发热量，还包括围护结构传热、太阳辐射等，即使在室内发热密度处在 5% 的不保证率范围内，其他形式冷负荷也出现在最大值的可能性极低，因而空调设备的整体保证率要高于 95%。确定室内发热密度的分布形式及保证率后，计算设计参数的步骤如下：

（1）X 为租户室内发热密度分布函数，服从正态分布函数，既 $X \sim N(\mu, \sigma)$；

（2）将 X 转化为标准正态分布函数 U，既 $U = (X - \mu)/\sigma \sim N(0,1)$；

（3）标准正态分布形式已知，可查表得到，例如标准正态分布的 0.95、0.99 保证率取值分别为 $U_{0.95} = 1.64$、$U_{0.99} = 2.33$；

（4）利用公式 $X = \sigma U + \mu$ 计算不同保证率下的室内发热密度取值。例如本调研案例的分布函数中，保证率为 0.95、0.99 时，室内发热密度取值分别为 $X_{0.95} = \sigma U_{0.95} + \mu = 1.64\sigma + \mu$，$X_{0.99} = \sigma U_{0.99} + \mu = 2.33\sigma + \mu$，以此计算室内发热密度取值。

以上述调研案例为例，平均值 $\mu = 46\text{W}/\text{m}^2$，标准差 $\sigma = 10\text{W}/\text{m}^2$，当选取不同保证率时，计算空气处理设备设计用室内发热密度取值如图 5-6 中 $\sigma = 10$ 曲线所示，随着保证率的提高，室内发热密度的取值不断增加，尤其是当保证率接近 100% 时，发热密度的取值急剧增大。当室内发热密度的分布特性变化时，如分布更加分散（$\sigma = 14$）或集中（$\sigma = 6$）时，取值将增大或减小，且在不同的保证率下，室内发热密度的取值具有相同的变化趋势，如图中 $\sigma = 14$ 及 $\sigma = 6$ 实线。比较不同标准差对室内发热密度取值的影响，在相同的保证率下，标准差越小，分布越集中，室内发热密度取值越小。

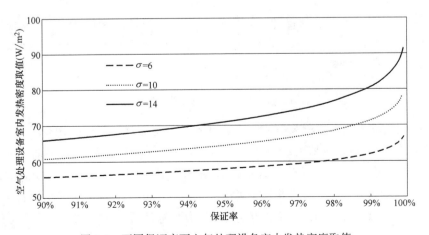

图 5-6　不同保证率下空气处理设备室内发热密度取值

因此，针对租户室内发热密度的空间不均匀分布特性，在计算空气处理设备的设计容量时，需要根据室内发热密度保证率的要求选择合理的保证率，进而计算确定室内发热密度的取值。

5.3.4 多层建筑室内发热密度的分布特性及对设备选型的影响

以上讨论了单独租户的室内发热密度的分布特性。在商业办公建筑中，办公室出租给不同的租户，建筑整体的室内发热密度是这些租户综合作用的结果。全部租户都处在不利的室内发热密度的可能性极低，远低于单独租户出现的可能性，即建筑整体的室内发热密度分布比单独租户的室内发热密度的分布更加集中，以下使用理论方法推导分布函数特征值。

假设某建筑标准办公层共有 n 层，每一层均由一个独立的租户租用，每一层的室内总发热密度服从正态分布 $X_i \sim N(\mu, \sigma)$，$i = 1, 2 \cdots \cdots n$。建筑整体室内总发热密度为 $Y = (X_1 + X_2 + \cdots + X_i + \cdots + X_n)/n$，根据正态分布函数理论，则 $Y \sim N(\mu, \sigma/\sqrt{n})$，即 Y 同样服从正态分布，其期望值不变，标准差变为 $\sigma/\sqrt{n}$，则分布更加集中。计算不同保证率下的冷机负荷计算用室内发热密度的方法为：$Y_{0.95} = U_{0.95}\sigma/\sqrt{n} + \mu = 1.64\sigma/\sqrt{n} + \mu$，$X_{0.99} = U_{0.99}\sigma/\sqrt{n} + \mu = 2.33\sigma/\sqrt{n} + \mu$，其取值要低于末端设备负荷计算用室内发热密度取值。

通过以上研究可知，各个租户的室内发热密度存在一定的分布特性，同时对于整个建筑而言，随着建筑规模的增大、租户数量的增加，总体平均室内发热密度的分布特性将随之更加集中。例如某建筑有 20 层标准层，每一层的室内总发热密度服从正态分布 $X \sim N(46, 10)$，则 20 层的室内总发热密度服从正态分布 $Y \sim N(46, 2.24)$，如图 5-7 所示，与单层的分布特性相比，多层平均的分布特性更加集中。

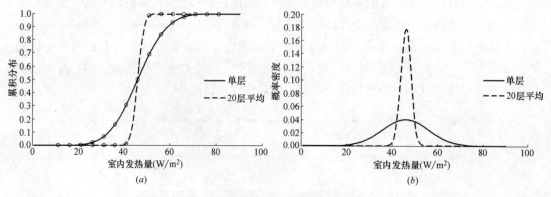

图 5-7 单层与多层平均室内总发热密度的分布特性

由于单层与多层室内发热密度的分散度不同，使得相同保证率下对应的室内发热密度取值亦不相同，如在图 5-7 分布中，在 95% 保证率下，单层的室内发热密度取值为 62.4W/m^2，20 层平均的室内发热密度为 49.7W/m^2，20 层的取值比单层的取值降低约 20%，随保证率的提高，其差异将增大，见表 5-3。因此，在选择冷机及空气处理设备容量时，有必要分别进行负荷计算，对于保证率越高的建筑，越有必要。

不同保证率下单层与多层室内发热密度取值　表 5-3

室内发热密度保证率	单层室内发热密度取值（W/m²）	20层平均室内发热密度取值（W/m²）
90.0%	58.8	48.9
95.0%	62.4	49.7
99.0%	69.3	51.2
99.9%	76.9	52.9

由于多层租户平均室内发热密度分布特性比单层分布更加集中，而冷机负责整个建筑冷量需求，空气处理设备只负责部分区域的冷量需求，因而冷机与空气处理设备的容量选择时应采用不同的室内发热密度取值。因此，在相同的保证率情况下，负责单层的空气处理设备选型时室内发热密度取值应为 $X=\sigma U+\mu$，而负责建筑中所有 n 层的冷机容量选型时，室内发热密度取值应为 $Y=\sigma U/\sqrt{n}+\mu$。

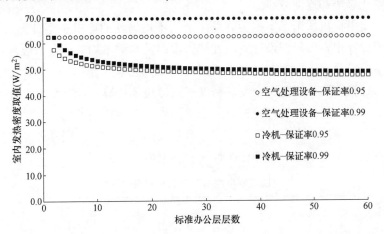

图 5-8　不同保证率下空气处理设备、冷机负荷计算中室内发热密度取值

20 层标准办公层情况下室内发热密度取值（W/m²）　表 5-4

空调设备	保证率 0.95	保证率 0.99
空气处理设备	62.4	69.3
冷机	49.7	51.2

如图 5-8 所示，空气处理设备用室内发热密度只与选取的保证率有关，冷机用室内发热密度与保证率和建筑标准层数两者相关。当保证率从 0.95 上升到 0.99 时，空气处理设备选型时，室内发热密度取值增加了 6.9W/m²。在计算冷机负荷时，室内发热密度取值受建筑层数的影响显著，当楼层小于 20 层时，随着层数的增加，室内发热密度的取值降低较明显，当楼层大于 20 层，随着层数的增加，室内发热密度的变化趋势减缓，且不同保证率下差异缩小。如表 5-4 所示，对于 20 层标准办公层建筑，冷机与空气处理设备的室内发热密度取值差异较大，在 10～20W/m² 之间，因而冷机选型时室内发热密度取值要大大低于空气处理设备选型时的取值，而且随着建筑物规模的增加，二者的差别也将增大。

5.3.5　冷机选型时室内发热密度的取值计算方法

通过上述理论分析，室内发热密度的空间不均匀分布特性会导致空气处理设备、冷机在选型时室内发热参数的取值不同,且冷机选型时的室内发热密度参数取值要小于空气处理设备选型,将以上两个参数分别定义为"冷机用室内发热密度取值"、"空气处理设备用室内发热密度取值",以便于在设计中使用。将"冷机用室内发热密度取值"与"空气处理设备用室内发热密度取值"的比值定义为"空间不均匀分布系数",用以描述冷机及空气处理设备在负荷计算中的室内发热密度取值差异,此系数与建筑标准层数及选取的保证率有关。

如表 5-5 所示,本案例中不同楼层数量及保证率下的空间不均匀分布系数取值直接受建筑标准层数和保证率影响,对于多层及高层建筑,考虑空间不均匀分布系数后可以明显降低冷机用室内发热密度取值,例如在 95% 保证率下,20 层以上建筑的空间不均匀分布系数都小于 0.8,因此使用空间不均匀分布系数来表征室内尖峰发热量的不均匀性,这对冷机负荷计算和选型都具有显著意义。随着楼层数的继续增加,负荷不均匀分布系数逐渐降低,但其变化趋势却逐渐减小。

因而在本文中提出适用于室内尖峰发热量的不均匀性的冷机选型计算方法,如图 5-9 所示,在常规设计中,可根据设计室内发热密度以及空间不均匀分布系数计算得到"空气处理设备用室内发热密度取值"和"冷机用室内发热密度取值",对于空气处理设备和冷机的容量选型计算分别采用这两个发热密度进行冷负荷计算,计算结果可分别应用于这两种设备的选型。通过这一方法,可充分考虑室内尖峰发热量的不均匀性对选型的影响,可用于解决前言中所述冷机容量计算时往往会有较大的冗余量,而同样计算末端容量时却时而出现容量不足的状况,这对精细化设计具有重要的意义。

调研案例中空间不均匀分布系数取值 表 5-5

冷机保证率 ＼ 楼层数	1	5	10	15	20	30	40	50	60
95%	1	0.85	0.82	0.80	0.80	0.78	0.78	0.77	0.77
99%	1	0.81	0.77	0.75	0.74	0.73	0.72	0.71	0.71

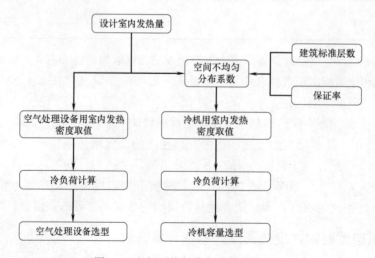

图 5-9 空间不均匀分布系数适用方法

5.3.6　案例分析

为了对本文中提出的"空间不均匀分布系数"及计算方法的可应用性进行检验，以实际调研的建筑 D 为例，通过考虑室内发热量的空间不均匀分布，用以分析其实际供冷量与冷机选型容量之间的关系。建筑 D 共 68 层，其中 63 个楼层为标准办公层，单层空调面积为 1600m^2。

案例分析说明　　　　　　　　　　　　　　　表 5-6

	说明	室内发热密度取值（W/m²）
冷机装机容量	冷机装机总容量	—
原始计算负荷	当前设计方法下的计算负荷 室内发热密度选取调研中的最大值	97.4
本方法计算负荷	考虑空间不均匀分布系数 95％保证率下冷机用室内发热密度	50.5
实际供冷量	实际供冷量中尖峰负荷	—

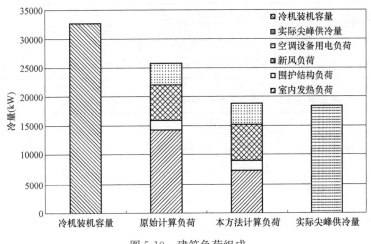

图 5-10　建筑负荷组成

在图 5-10 中，分别列举了 D 建筑的冷机装机容量、实际尖峰供冷量以及两种计算方法下得到的建筑计算负荷。"原始计算负荷"为目前普遍使用的计算方法得到的建筑总负荷，"本方法计算负荷"是考虑了室内发热密度的空间不均匀分布特性后计算得到的建筑总负荷。"原始计算负荷"、"本方法计算负荷"中的不同点仅在室内发热负荷部分，其中参数取值参见表 5-6，"原始计算负荷"使用调研中最大室内发热密度计算得到，"本方法计算负荷"使用本文提供的考虑室内发热密度不均匀特性后计算的结果。

在图 5-10 中，"原始计算负荷"明显比实际尖峰供冷量偏高，"本方法计算负荷"与实际尖峰供冷量相符，比"原始计算负荷"低 27％。因而，考虑室内发热密度的空间不均匀分布系数计算建筑负荷可以在一定程度上降低冷机的余量并保证容量满足使用要求。使用概率分布特性描述室内发热量的方法准确地反映了现实状况，并解决了工程中的实际问题。

5.4 空调末端与冷热源选型用设计参数推荐值

5.4.1 空调末端选型用设计参数推荐值

通过之前的调研结果和计算方法，可以计算得到不同的保证率下的室内发热密度参数，表 5-7 是根据目前的调研结果的统计值。使用同样的方法可以得到其他类型公共建筑中其他各项参数的推荐值，如表 5-8～表 5-9 所示。

办公建筑中末端设备负荷计算用室内热扰及室内环境设定参数　　　表 5-7

人员密度 （人/m²）	照明功率密度 （W/m²）	设备功率密度 （W/m²）	夏季		冬季		新风量 （m³/(p·h)）
			温度 （℃）	相对湿度 （%）	温度 （℃）	相对湿度 （%）	
0.18	18	30	24	55	21	40	30

商铺中末端设备负荷计算用室内热扰及室内环境设定参数　　　表 5-8

人员密度 （人/m²）	照明功率密度 （W/m²）	设备功率密度 （W/m²）	夏季		冬季		新风量 （m³/(p·h)）
			温度 （℃）	相对湿度 （%）	温度 （℃）	相对湿度 （%）	
0.25	45	25	24	55	21	40	20

酒店客房中末端设备负荷计算用室内热扰及室内环境设定参数　　　表 5-9

人员密度 （人/m²）	照明功率密度 （W/m²）	设备功率密度 （W/m²）	夏季		冬季		新风量 （m³/(p·h)）
			温度 （℃）	相对湿度 （%）	温度 （℃）	相对湿度 （%）	
2	15	20	23	55	22	50	50

5.4.2 空调冷热源选型用设计参数推荐值

为了保证空调设备的容量满足使用要求并尽量减少设备的闲置、节省初投资及机房面积，需要分别计算冷机及末端设备的处理负荷，同时计算负荷中使用室外设计参数也要分别选取。文献［32］中详细论述了选择冷机用室内发热密度的方法，设计参数与室内发热量分布函数、建筑规模、保证率三者有关，与末端设备的参数选择方法的不同点是增加了建筑规模这一项。当建筑规模越大，设计参数要求越宽泛，当建筑规模达到一定体量后，设计参数的变化趋势将变小。具体的计算过程请参见文献［32］。表 5-10～表 5-12 分别为各种建筑类型的不同保证率及不同建筑规模下的设计参数推荐值。

办公建筑中冷源负荷计算用室内热扰及室内环境设定参数　　　表 5-10

人员密度 （人/m²）	照明功率密度 （W/m²）	设备功率密度 （W/m²）	夏季		冬季		新风量 （m³/(p·h)）
			温度 （℃）	相对湿度 （%）	温度 （℃）	相对湿度 （%）	
0.125	13	23	26	60	20	40	30

商铺中冷源负荷计算用室内热扰及室内环境设定参数　　表 5-11

人员密度 (人/m²)	照明功率密度 (W/m²)	设备功率密度 (W/m²)	夏季		冬季		新风量 (m³/(p·h))
			温度 (℃)	相对湿度 (%)	温度 (℃)	相对湿度 (%)	
0.2	45	13	25	60	20	40	20

酒店客房中冷源负荷计算用室内热扰及室内环境设定参数　　表 5-12

人员密度 (人/m²)	照明功率密度 (W/m²)	设备功率密度 (W/m²)	夏季		冬季		新风量 (m³/(p·h))
			温度 (℃)	相对湿度 (%)	温度 (℃)	相对湿度 (%)	
2	15	15	25	60	20	40	50

5.5　研　究　结　论

在办公建筑中，实际室内发热密度和环境参数的选择在不同空间的分布具有一定的随机性，在一定范围内变化且变化范围较大，目前在冷机及空气处理设备的负荷计算及容量选择时，使用相同设计参数进行计算，且并没有考虑到这种空间分布特性，因此为了保证空气处理设备的容量需求，通常使用保守的室内发热密度参数和环境参数进行负荷计算和设备选型，这是造成冷机容量大量冗余的原因之一。

本章通过实际案例调查与分析，提出一种新型的空调末端和冷热源选型方法。并以室内发热量为例，详细展示了计算的过程，基于案例调研结果，采用概率分布函数来描述室内发热密度的空间不均匀分布特性。由于单独租户的室内发热密度的分布特性比较分散，而建筑整体的室内发热密度分布特性相对集中，因而设计冷机使用的室内发热密度参数取值比末端设备参数取值更小，即可保证冷机的容量满足使用需求又可避免过多冷机闲置的情况发生。为了解决以上工程中的问题，本文提出了"空间不均匀分布系数"表示冷机及空气处理设备在计算负荷时室内发热密度取值的比值，直观表征了两种设备在设计中选取参数的区别并方便计算，以避免由于过度估计室内发热量而造成的冷机容量冗余。

通过以上综述，在设计大型公共建筑时，有必要分别计算冷源及末端设备的负荷，并分别选取室内发热密度及室内环境设计参数，图 5-10 显示了某建筑的装机容量和实际用冷量峰值，实际用冷量峰值仅为装机容量的 57%，其原因有设计参数选择、安全系数、设备选型等等，使用本方法推荐的室内发热量参数计算得到的建筑负荷与实际建筑负荷基本相当，而如果使用原始室内发热量设计参数计算得到的负荷比实际负荷高出了 33%。因而，合理选择冷机的室内发热量参数及室内环境控制参数对冷机的合理选型至关重要。

第6章 冷机冷凝热回收

6.1 技术背景

目前我国公共建筑的暖通与生活热水系统，一般以冷机或热泵机组作为空调系统冷源，以锅炉或市政热水作为采暖与生活热水的热源。冷源侧，冷机或热泵在制冷的同时产生大量的低品位冷凝废热，绝大多数废热都通过冷却塔、冷却风机、水-水换热器、地埋管等方式直接或间接排放给大气、水源或土壤；而热源侧，又直接或间接以燃气、燃煤等燃料的燃烧来产生中等品位的热量。

截止到 2009 年，我国生产的各类热泵与制冷机组达到 7000 万台左右，其冷凝热绝大部分没有被有效利用。冷源侧排放的低品位热能，能否作为辅助热源，或者经热泵提升后作为补充热源，即"冷凝热回收"，是建筑节能领域逐渐引起关注的一个话题。

对于公共建筑，相同季节时段内同时存在冷热需求的系统一般是中央空调系统和生活热水系统。尤其是酒店、医院等建筑，空调冷负荷与生活热水负荷的需求量级较接近。而办公楼、商场等建筑，生活热水需求不大，夏季空调冷负荷远远大于生活热水负荷，则冷凝热回收的节能潜力和经济性就不佳。

冷机冷凝热回收的形式多样，在不同气候区、不同城市、不同建筑类型中使用时，其节能收益、初投资增量都有显著差异，投资回收期并不一定合理。因此，针对不同建筑项目，都应对各种热回收方案进行技术经济性分析后，再确定是否适宜采用冷凝热回收，而不宜在各类建筑中都盲目采用。

本章将主要探讨当前冷凝热回收的各种系统形式、优缺点、适用性和经济性。

6.2 系统形式

冷机冷凝热回收系统有多种形式，可直接从原中央空调主机的冷凝器侧回收热量，称为冷凝器侧热回收；也可从原中央空调系统的冷却水侧回收热量，称为冷却水侧热回收。

6.2.1 冷凝器侧热回收

冷凝器侧热回收是指在常规冷机冷凝器的基础上，加设热回收冷凝器或热回收换热管束，利用高温高压制冷剂直接预热生活热水的方案，如图 6-1 所示。

冷凝器侧热回收，根据回收量的多少和热回收后制冷剂状态点的差异，可分部分热回收和全热回收两种。

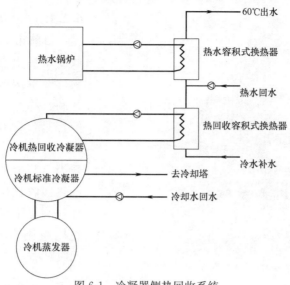

图 6-1　冷凝器侧热回收系统

6.2.1.1　冷凝器侧部分热回收

冷机压缩机出口处的制冷剂处于过热状态，部分热回收（又称显热回收）方式利用这部分蒸汽显热，如图 6-2 所示。

显热量一般占整个冷凝过程总排热量的 10%～15%，热回收量小；但是由于显热段的制冷剂温度高，因此生活热水用量较小时，采用该方案可获得较高的预热出水温度。

部分热回收的热回收冷凝器换热面积较小，机组的增量成本较少，一般不超过常规冷机造价的 10%。

6.2.1.2　冷凝器侧全热回收

全热回收利用制冷剂冷凝过程的全部热量，如图 6-3 所示。

全热回收的热回收量较大，理论上可达冷凝排热量的 100%，可加热的热水量大；但受限于冷凝温度（设计工况下约 40℃），因此实际利用时，生活热水的预热出水温度一般不超过 40℃，并不能 100% 地利用全部冷凝热。

全热回收的热回收冷凝器换热面积较大，冷机的增量成本高于部分热回收，一般可达常规冷机造价的 25%。

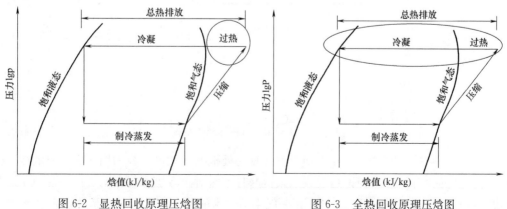

图 6-2　显热回收原理压焓图　　　　　　图 6-3　全热回收原理压焓图

59

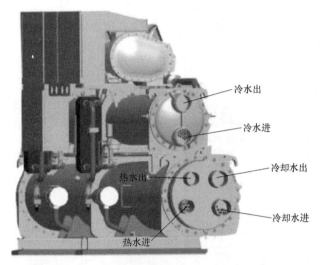

图 6-4 单冷凝器双管束构造的热回收冷水机组

6.2.1.3 主流产品概述

目前市场上的一些主流热回收冷水机组设备，技术上已较成熟，设备构造有多种形式。例如开利、约克、麦克维尔机组，一般都是包含双管束的单冷凝器形式（图 6-4）；而特灵机组，则一般为双冷凝器形式。各品牌机组的热回收比例设置也有差异。例如开利机组仅有全热回收，而约克机组则有全热回收和部分热回收。

6.2.2 冷却水侧热回收

冷却水侧热回收的方式对冷机机组本身无改动，而是在冷却水侧进行热回收取热。这种方式又可分冷却水侧直接热回收和冷却水侧热泵热回收两种。

6.2.2.1 冷却水侧直接热回收

冷却水侧热回收可直接在冷却水侧设置板换，预热生活热水，称为冷却水侧直接热回收，如图 6-5 所示。

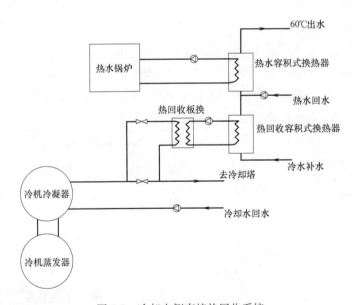

图 6-5 冷却水侧直接热回收系统

冷却水侧直接热回收只需在冷却水侧设置一处板换，就可回收利用所有冷机的冷凝热量，全年热回收时间长，理论热回收量大，并且不需对原冷机进行改动。但是受限于冷却水温度（设计工况下出水温度 37℃），一般生活热水的预热出水温度不超过 35℃。

6.2.2.2　冷却水侧热泵热回收

冷却水侧热回收可在冷却水侧设置水-水热泵机组，热泵从冷却水取热，直接制备60℃的生活热水，如图 6-6 所示。

冷却水侧热泵热回收的热回收量大，全年热回收时间长，可直接制备生活热水；且采用温度较高的冷却水出水作为水-水热泵热源，提高了热泵蒸发温度，可维持热泵全年较高效率运行。北方冬季还需冷机供冷的建筑，可减少冷却塔开机时间，而主要用热泵系统回收废热，降低冷却塔结冻风险，减少电伴热能耗。但是该方案增加一套热泵机组和附属设备，运行与控制较复杂。

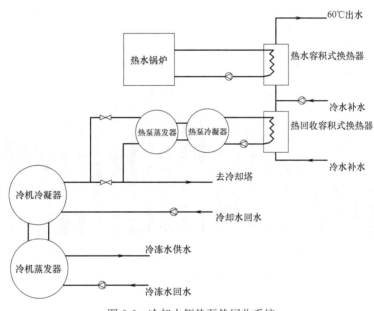

图 6-6　冷却水侧热泵热回收系统

6.3　经济性分析

6.3.1　冷凝热回收经济性的影响因素与计算方法

热回收系统的初投资增量和节省的运行费，这两者直接决定冷机冷凝热回收的经济性。

6.3.1.1　初投资增量

采用冷凝热回收系统，需额外增加水泵、热水换热设备、管道及附件；若为冷凝器侧热回收，则冷机本身成本会增加；若为冷却水侧热泵热回收，则需增加板换和水-水热泵。除上述热回收设备本身的初投资增量外，另需增加机房面积用于安装上述设备，即还需增加机房土建成本。

以上初投资增量，在经济性分析时均应计算在内，不应遗漏。

6.3.1.2　节省的运行费

影响热回收系统节省运行费的因素包括地下水温度、生活热水用量、建筑空调负荷、冷机开机策略、冷机逐时负载率、室外湿球温度、冷机冷凝温度和冷却水温度、天然气价格、用电价格等。

　　受限于机房面积及设备造价,生活热水系统的换热与蓄水装置(如容积式换热器)一般按满足最大小时热水用量设计,无法储存一天的生活热水。而空调负荷与生活热水负荷并不同步,存在错峰现象(如图 6-7 所示),即空调高峰时段,冷凝热并不能被完全利用和储存,较多冷凝热仍将通过冷却塔直接排放;生活热水高峰时段,空调冷凝热可能不足以提供全部预热量或加热量。**因此,不可按逐日累计的空调负荷、热回收负荷计算热回收量,而应该根据逐时的空调负荷、生活热水负荷,对热回收量和增加的电耗进行逐时计算。**

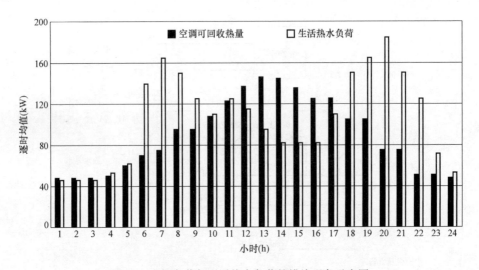

图 6-7　空调负荷与生活热水负荷的错峰现象示意图

　　计算运行费时,应根据建筑逐时空调负荷,确定冷机开机策略和负载率,进而求解冷机冷凝温度和冷却水温度;然后根据逐时生活热水用量和地下水温度,求解逐时可回收热量和因热回收额外增加的电耗;最后求解全年总的热回收量和增加的电耗,并结合电价、天然气价格求解全年可节省的运行费。

　　需注意的是,冷机冷凝热回收方案利用的是低品位热能;冷凝温度提高时,冷凝热量和可回收热量越大,但冷机效率也会相应降低。若为了提高生活热水预热出水温度而人为提高冷机冷凝温度或压缩机排气温度,则额外回收的热量主要由冷机压缩机的电耗转化而来,类似于电加热,将增大空调与生活热水系统的实际运行费用,得不偿失。

　　因此,对于冷机冷凝热回收系统,应以维持冷机高效率运行为前提,避免为提高热回收出水温度而提高冷机冷凝温度或压缩机排气温度;并且,冷凝温度也不能过低,而应维持冷凝温度不低于冷机所允许的最低限值,以免润滑油进入冷机换热器。

　　目前主流冷水机组产品的冷凝器设计供回水温度一般为 32/37℃,对应设计工况下的冷凝温度约 40℃,因此对于冷凝器侧热回收或冷却水侧直接热回收,热回收预热出水温度往往不会超过 40℃。并且对于我国大部分地区的公共建筑,大部分时段室外湿球温度是低于 30℃的,绝大部分时段冷机也不会运行于满负荷工况,在冷却塔性能正常时实际运行的冷机冷凝温度大部分时段不到30℃（图6-8、图6-9），即热回收预热出水温度实际会更低。这些因素在计算过程中都应充分考虑到。

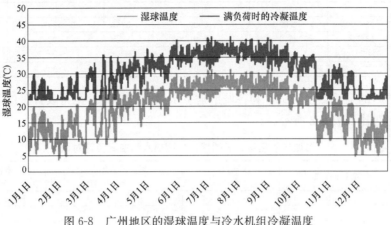

图6-8　广州地区的湿球温度与冷水机组冷凝温度

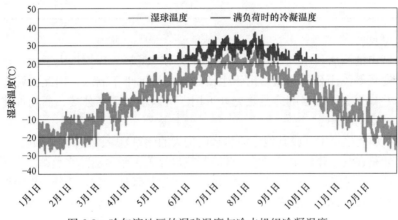

图6-9　哈尔滨地区的湿球温度与冷水机组冷凝温度

6.3.2　冷凝热回收经济性计算与分析

以某7.85万 m^2 的五星级酒店作为基准建筑模型，进行冷凝热回收的经济性计算分析。详细计算结果见6.5节。主要计算结果如下：

6.3.2.1　空调与生活热水负荷计算结果

分别选取哈尔滨、北京、上海、广州、昆明共5个城市的气象参数，进行分析计算。在上述5个城市中，酒店围护结构设计参数，分别取《公共建筑节能设计标准》在严寒、寒冷、夏热冬冷、夏热冬暖、温和5个气候区的设计参数限值。

空调负荷计算结果和冷机容量、台数设计如表6-1所示。各城市的酒店，冷机均采用若干台离心机和1台螺杆机的大小机组方式，以优化部分负荷下的负载率。

该酒店日生活热水用量300 m^3/d，最大小时用量35 m^3/h。常规热水系统以燃气锅炉作为热源，生活热水出水温度60℃，回水温度50℃。热水容积式换热器设计总容积约45 m^3，满足各区域最大小时用量加热量及备用量的要求。

各城市酒店空调负荷计算结果和冷机容量、台数　　　表 6-1

城市	年累计冷负荷（万 kWh）	最大冷负荷（RT）	离心机		螺杆机	
			单台容量(RT)	台数	单台容量(RT)	台数
哈尔滨	725	1890	800	2	400	1
北京	994	2720	800	3	400	1
上海	1311	2610	800	3	400	1
广州	2070	2740	800	3	400	1
昆明	720	1030	800	1	400	1

考虑酒店的生活热水用量，和各城市地下水温的差异，计算得设计日的累计生活热水和空调负荷对比如表 6-2 所示。

各城市酒店设计日的累计生活热水和空调负荷对比　　　表 6-2

城市	地下水温度(℃)	生活热水温度(℃)	日累计生活热水负荷万(kWh/d)	日累计空调冷负荷万(kWh/d)
哈尔滨	10		1.75	9.95
北京	14		1.61	13.89
上海	17.5	60	1.49	12.37
广州	20		1.40	12.45
昆明	17.5		1.49	4.91

由上表可见：

（1）各城市的酒店，空调冷负荷（也代表空调冷凝热量）均远大于生活热水负荷。对于办公楼、商场等民用公共建筑，由于生活热水用量远小于酒店，因此空调冷凝热与生活热水负荷的差异更大，较多的冷凝热无处可用。可以预见，办公楼、商场等建筑进行冷凝热回收的节能潜力较小。

因此，在酒店建筑中（或其他生活热水用量大的建筑），冷机冷凝热回收往往更加适用。

（2）即使是在酒店建筑中，夏季空调冷凝热也显著大于生活热水负荷。当采用冷凝器侧热回收方式时，若对多台冷机均进行热回收，则部分负荷时，会有部分冷机停机而无法进行热回收，造成热回收冷凝器闲置；而高负荷时，这些冷机的冷凝热又不能被完全利用，仍将有部分热回收冷凝器闲置。可以预见，多台冷机进行冷凝器侧回收的经济性是不佳的。

因此，若采用冷凝器侧热回收方式，则不宜对多台冷机进行热回收，建议对运行时数最多的 1 台冷机（一般为螺杆机）进行热回收即可。

6.3.2.2 冷凝热回收量计算结果

四种冷凝热回收方案在五个城市酒店中的热回收量计算结果如表 6-3 所示。

各城市酒店的冷凝热回收量❶　　　表 6-3

城市	生活热水年总加热量（万 kWh/a）	冷凝器侧部分热回收	冷凝器侧全热回收	冷却水侧直接热回收	冷却水侧热泵热回收	
		热回收量（万 kWh/a）	热回收量（万 kWh/a）	热回收量（万 kWh/a）	热回收量（万 kWh/a）	热泵电耗（万 kWh/a）
哈尔滨	640	20	51	51	267	62
北京	590	23	49	45	296	67

---

❶ 表中各种热回收方式的热回收量，即为燃气锅炉可减少的制热量。各种热回收方式均会产生额外的水泵、热泵电耗。由于生活水系统的水泵年运行电耗小，一般不足 1 万 kWh/a，此处不计入，而只考虑冷却水侧热泵热回收的热泵电耗。

续表

城市	生活热水年总加热量（万 kWh/a）	冷凝器侧部分热回收	冷凝器侧全热回收	冷却水侧直接热回收	冷却水侧热泵热回收	
		热回收量（万 kWh/a）	热回收量（万 kWh/a）	热回收量（万 kWh/a）	热回收量（万 kWh/a）	热泵电耗（万 kWh/a）
上海	540	29	54	36	324	72
广州	510	37	63	46	438	95
昆明	540	23	42	16	346	82

由表 6-4 可见：

（1）四种热回收方案所回收的热量排序：冷却水侧热泵热回收远高于其他三种方案，冷凝器侧部分热回收的热量一般最低。

（2）热泵热回收方案所回收的热量排序：广州远大于其他四个城市，哈尔滨最低。在广州地区热泵回收可提供全年 86% 的生活热水所需加热量，热泵全年运行平均 COP 约 4.61；在哈尔滨地热泵回收可提供全年 42% 的生活热水所需加热量，热泵全年运行平均 COP 约 4.31。

（3）其他三种热回收方案所回收热量的排序：广州或哈尔滨一般最高，最高可提供全年 10% 左右的生活热水所需加热量。广州地区较高的原因是空调季时间长，热回收时间长；哈尔滨地区较高的原因是当地地下水温低，且冷机冷凝器保护要求维持冷凝温度不低于 22℃，使得生活水预热的温升较大，整个空调季哈尔滨地区均可获得较为可观的热回收量。

6.3.2.3 冷凝热回收经济性计算与结论

四种冷凝热回收方案在五个城市酒店中的冷凝热回收经济性计算结果如表 6-4 所示。

各城市冷凝热回收方案的经济性计算结果❶　　　　表 6-4

城市	初投资增量(万元)/年节省运行费(万元/年)				投资回收期(年)			
	冷凝侧部分热回收	冷凝侧全热回收	冷却侧直接热回收	冷却侧热泵热回收	冷凝侧部分热回收	冷凝侧全热回收	冷却侧直接热回收	冷却侧热泵热回收
哈尔滨	75/10	87/26	83/26	205/75	7.5	3.3	3.2	2.7
北京	75/9	87/19	83/17	205/47	8.4	4.6	4.8	4.3
上海	75/14	87/25	79/17	205/79	5.5	3.5	4.7	2.6
广州	75/21	87/37	79/27	205/159	3.5	2.4	3.0	1.3
昆明	75/10	87/18	75/7	205/63	7.8	5.0	11.2	3.3

由表 6-4 可见：

（1）广州、上海、哈尔滨地区，采用冷凝热回收的投资回收期一般较短。一方面是因为这些地区的热回收量大（严寒地区的热回收量大是由于地下水温低，预热温升大；夏热冬暖地区热回收量大是由于全年进行供冷和热回收的时间长）；另一方面是因为这三个城市的天然气价格相对较高，相同的热回收量时所节省的天然气费用更多。

---

❶　各种热回收方式所节省的运行费用，根据热回收所节省的热水锅炉天然气费用，减去回热回收额外增加的用电费用计算得到。其中，热水锅炉减少的天然气费用，根据年热回收量、天然气热值和各城市的天然气价格计算得到。（哈尔滨天然气价格为 4.3 元/m³，北京为 3.23 元/m³，上海为 3.9 元/m³，广州为 4.85 元/m³，昆明为 3.5 元/m³）

热回收系统的初投资增量详见 6.5 节。

因此，在严寒及夏热冬暖地区（热回收量大）、沿海地区（天然气价格高），冷机冷凝热回收往往更加适用。

（2）冷却水侧热泵热回收的初投资最大，投资回收期最短。广州地区的静态回收期不到 1 年半，其他地区一般需 2.5～4 年。

因此，在机房面积充裕时，应优先考虑冷却水侧热泵热回收方案。

（3）其他三种热回收方案，冷凝器侧部分热回收的投资回收期最长，一般不予考虑；冷凝器侧全热回收和冷却侧直接热回收的投资回收期大致相当，一般需 3～5 年，需结合具体项目分别核算。

因此，在因机房面积紧张等原因无法采用热泵热回收时，可基于经济性分析结果，考虑采用冷凝器侧全热回收或冷却水侧直接热回收；一般不考虑冷凝器侧部分热回收。

6.4　其他热回收系统形式的简要分析

6.4.1　在开式生活热水系统中的应用

以上各种冷凝热回收系统，影响经济性的一个重要因素是生活热水为闭式系统，换热与蓄水设备为容积式换热器，一方面造成初投资高，另一方面因容积小而影响热回收的总热量。

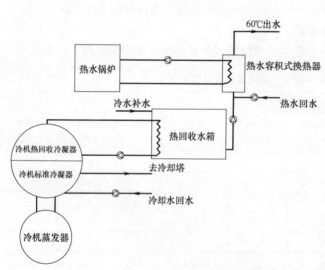

图 6-10　开式热回收系统示意图

若采用开式系统（图 6-10），加大热回收水箱蓄水量，减小空调负荷与生活热水错峰的影响，则节能量更大，且初投资更小，经济性会更好。

当然，采用开式系统的前提条件是该建筑可接受开式系统带来的冷热水不同源的弊端。在医院等生活热水用量大且对冷热水同源要求不高的建筑中，开式系统或许会是适用且经济性较好的节能方案。

6.4.2　高温水水热泵

高温水-水热泵是能够同时直接制取低温空调冷冻水（例如 7℃）和高温生活热水（例如 55℃）的热泵机组。由于蒸发温度与冷凝温度温差较大，因此一般采用复叠式压缩模式以提高运行效率，即 1 台热泵一般具备 2 台或以上的压缩机。

高温水-水热泵系统从基本原理来看与冷却水侧热泵热回收的原理是一样的，都是通过多级压缩最终直接冷却或加热了冷冻水和生活热水。不同的是高温水-水热泵是集成型机组，而后者以冷却水作为中间换热媒介。因此，两种系统形式都具备较大的节能潜力，前者由于减少换热级数，理论上的节能量更大。

另一方面，正是由于两种系统的上述差异，使得系统运行模式有极大的差别。高温水-水热泵由于单独制冷的效率极低，而综合制冷、制热才能节能，因此应该以热定冷运行，在有生活热水需求且有空调供冷需求时启动，并且取两个负荷中的较小值作为运行负载。高温水-水热泵系统的运行控制是较复杂的，例如夏季当有生活热水需求时，热泵启动，则相当一部分冷冻水会从热泵机组蒸发器通过，其他原运行的冷水机组的蒸发器水量会突降，热泵机组的启停会对其他冷机的运行产生影响。而冷却水侧热泵热回收系统的运行模式则独立而简单，以冷却水作为中间媒介，并且流经热泵机组的冷却水最终都会流经冷却塔和流回各冷机，因此夏季有生活热水需求时，热泵机组的启停不会影响空调冷水机组的运行。

此外，高温水-水热泵系统更适用于新建建筑，而冷却水侧热泵热回收系统则同时适用于新建建筑和计划进行系统改造的既有建筑。

在实际项目中，在以上两种方案取舍时，既要考虑到系统的经济性，也应充分考虑到后期运行管理时系统操作的复杂性。

6.5　案例：冷凝热回收计算过程及详细结果

6.5.1　空调负荷计算结果

酒店建筑模型如图 6-11 所示。该酒店建筑面积 7.85 万 m^2，有客房 488 套，为五星级酒店。

图 6-11　酒店建筑模型

各城市酒店的逐时采暖空调负荷如图 6-12 所示。

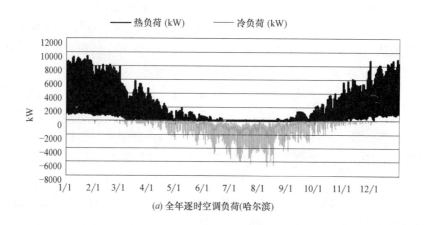

(a) 全年逐时空调负荷(哈尔滨)

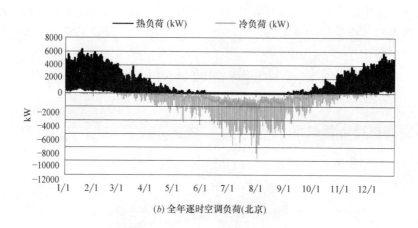

(b) 全年逐时空调负荷(北京)

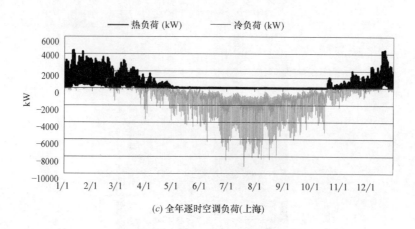

(c) 全年逐时空调负荷(上海)

图 6-12　全年逐时的采暖空调负荷（一）

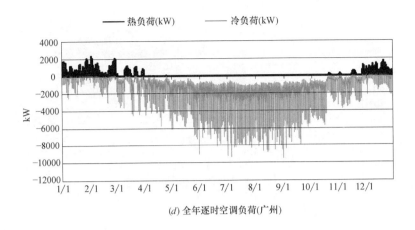

(d) 全年逐时空调负荷(广州)

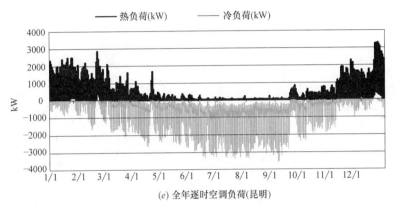

(e) 全年逐时空调负荷(昆明)

图 6-12　全年逐时的采暖空调负荷（二）

6.5.2　热回收量与出水温度计算结果

以广州地区为例，四种热回收方案逐日的热回收量和生活水出水温度如图 6-13 所示。

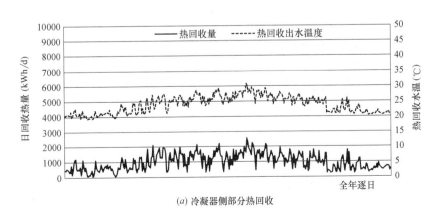

(a) 冷凝器侧部分热回收

图 6-13　广州地区热回收量与出水温度计算结果（四种热回收方案）（一）

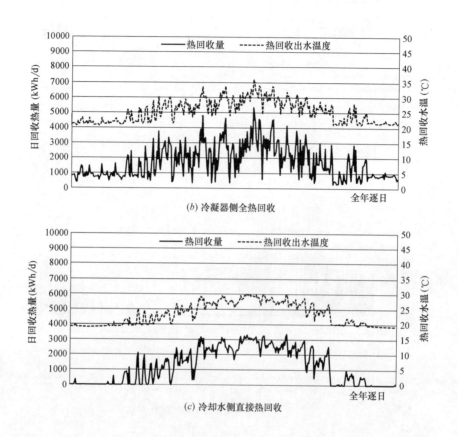

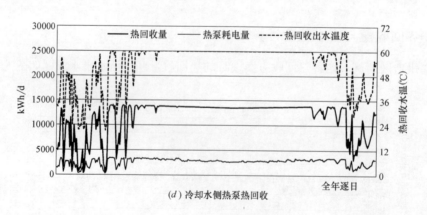

图 6-13 广州地区热回收量与出水温度计算结果（四种热回收方案）（二）

6.5.3 初投资增量计算结果

四种热回收方案的初投资增量计算结果如表 6-5 所示。

四中热回收方案的初投资增量　　　　表 6-5

	初投资增量(万元)			
	冷凝器侧 部分热回收	冷凝器侧 全热回收	冷却水侧 直接热回收	冷却水侧 热泵热回收
400RT 螺杆机	8	20	—	—
热回收热泵	—	—	—	84
热回收容积式换热器	50	50	50	50
冷却水侧板换	—	—	6～14	40
热回收循环水泵	2	2	2	2
管道及附件	4	4	5	6
地下机房建安成本	10.5	10.5	12	22.5
总计	75	87	75～83	205

注：1. 冷却水侧热泵式热回收方案中，需增设 2 台 300RT 的水-水热泵。

2. 四种热回收方案均需增设容积式换热器若干台，总容积约 45m³。

3. 冷却水侧热回收需增设板换，板换造价按 1000 元/m² 估算。

4. 各种热回收方案均需增设约 2～4 台热回收循环水泵。

5. 机房建安成本按 1500 元/m² 估算。冷凝器侧热回收方案约需增加 70m² 机房面积，主要为容积式换热器安装面积；冷却水侧直接热回收约需 80m²，主要为容积式换热器和板换安装面积；冷却水侧热泵热回收约需 150m²，主要为热回收热泵、容积式换热器和板换安装面积。

第7章 空调水系统

7.1 空调冷冻水系统节能的重要意义

在中央空调系统总能耗中，冷冻泵能耗占据可观比例。Eppelheimer 指出，美国冷冻站中近 30％的能耗被冷冻泵消耗[24]。朱伟峰测试了国内近 30 座商业建筑，其中多数系统的冷冻泵能耗与冷机能耗之比超过 30％[25]。常晟在其博士论文中提到，在其参与测试的内地 15 座、香港 5 座商业建筑的中央空调系统中，内地建筑的全年冷冻泵与冷机能耗之比大部分超过 20％，一些建筑中甚至达到 50％和 70％，而香港建筑的冷冻泵与冷机能耗之比约在 10％～15％[26]。图 7-1 为内地 15 座商业建筑中全年冷冻泵能耗与冷机能耗的比值，图 7-2 为香港 5 座商业建筑中全年冷冻泵能耗与冷机能耗的比值。

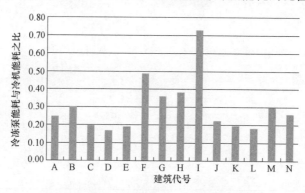

图 7-1 内地 15 座商业建筑中全年冷冻泵能耗与冷机能耗之比

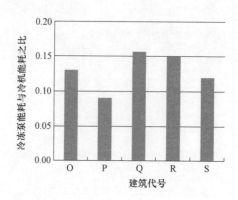

图 7-2 香港 5 座商业建筑中全年
冷冻泵能耗与冷机能耗之比

此外，冷冻水系统运行情况对冷机的能效有不容忽视的影响。Moses、蔡宏武、Chan等学者指出[27—29]，水系统普遍存在的"大流量、小温差"问题，会导致冷机被迫加机，造成冷机运行负荷率下降，严重影响冷机运行效率。

因此，在中央空调系统节能工作中，冷冻水输配系统节能优化具有重要意义。

7.2　研究现状

水系统实际运行效果不佳带来的能耗问题主要包括如下几点：

（1）水系统实际运行温差偏低。特别是部分负荷下温差不升反降，造成流量偏高，水泵能耗浪费。

（2）大流量带来高压差损失。常规水系统中冷冻水流动多处于阻力平方区，即压差与流量平方成正比。当流量升高时，压差上升的幅度更大，带来水泵能耗浪费。

（3）水泵效率偏低。由于水系统实际运行工况与设计工况相去甚远，冷冻泵工作点偏离最高效率点，运行效率降低。水泵的额定效率通常在75％以上，但实测结果显示大量建筑中水泵效率在50％以下。

（4）大流量造成冷机提前加机。以二次水系统为例，冷机侧流量通常接近设计值，末端侧流量由末端决定，往往高于冷机侧流量，造成旁通管逆流，冷机供水与部分末端回水相混，末端侧供水温度升高。为保证末端制冷除湿效果，不得不加开冷机，造成冷机运行负荷率偏低，冷机运行效率下降，带来大量的能耗浪费。

可以发现，水系统的实际运行问题多归结为"大流量、小温差"问题。关于水系统的这一常见问题，多名学者进行了研究。常晟在其博士论文[26]中对相关研究进行了总结（表 7-1），表中总结了水系统出现"大流量、小温差"的各种可能原因。

水系统常见问题及原因总结　　　　　表 7-1

盘管换热性能下降	换热面积下降	盘管选型偏小
	换热系数下降	污垢系数上升
		水流速过低出现层流
	风量下降	风道阻力高于额定值
		过滤器堵塞
		变频调速
	进风温度下降	过渡季利用新风
		室温设定值过低
	供水温度上升	冷机供水温度设定值过高
		旁通管逆流
	换热方式改变	供回水管路接反造成顺流换热
旁通		末端三通阀
		停风不停水
		末端无控制
		施工遗留旁通管
控制故障		传感器故障
		阀门选型过大，最小可控流量过大
		阀门驱动电机过小，无法关死阀门
		控制参数整定不当

然而，既有研究中，对水系统实际特性的分析集中于单一盘管换热性能下降和各类工

程故障，能解释一部分工程中小温差症状的原因。但是，越来越多的实测数据表明，即使在设计得当、运行维护良好的建筑中，水系统实际特性依然严重偏离理论特性，这一现象并未得到充分分析。

自 20 世纪 90 年代以来，清华大学一直致力于空调水系统的节能问题研究，对水系统的认识也逐渐深入，先后完成了数项专题研究，本书将对其中部分观点较为新颖的研究成果进行简单的介绍。

7.3 空调水系统模拟平台

研究冷冻水系统的实际特性时，为观察某一特定因素的影响，需要在控制其他变量保持不变的前提下，单独改变所研究的因素，进行对比试验。例如，为了观察管路阻力系数对水系统整体特性的影响，需要在末端、房间等其他条件都不变的情况下，不断改变沿程管路的阻力系数，并观察冷冻水系统整体特性的变化。这样的实验很难在实际运行的真实水系统中进行，为了更深入研究水系统的整体特性，需要建立冷冻水系统的模拟平台，为后文的分析提供工具。

本章中相关研究采用的水系统特性动态模拟平台中包括空调末端（盘管、阀门、传感器）、房间、管道、拓扑管网和冷冻泵。冷机在此模拟平台中相当于阻力部件，冷机出水温度被认为始终保持在设定值，水泵控制策略为控制供回水总管压差不变。模拟计算流程如图 7-3 所示。

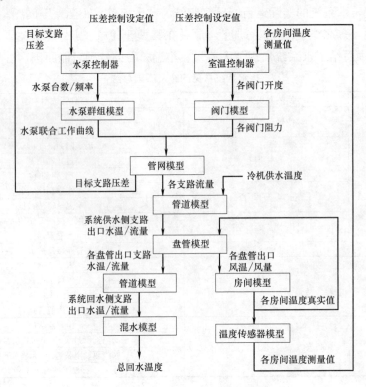

图 7-3 冷冻水系统动态模拟平台模拟流程

（1）在每个时刻，将室温设定值和室温测量值输入各房间的室温控制器，后者输出当前时刻的阀门开度（连续调节水阀）或阀门开闭状态（通断调节水阀）。室温控制逻辑分连续调节和通断调节两种。

（2）根据阀门的开度或开闭状态，阀门模型输出阀门的阻力系数。

（3）将压差设定值和目标支路压差测量值输入压差控制器，后者输出水泵运行台数和频率。压差控制的逻辑可根据工程实际情况编写。

（4）根据水泵运行台数和频率，水泵群组模型输出水泵的联合工作曲线。

（5）将水泵联合工作曲线、各阀门阻力和管网信息输入管网模型中，后者给出各支路的流量和压差。

（6）已知冷机供水温度和各支路流量，根据管道模型，依次计算各供水侧支路的出口水温，其中每个支路的进口水温为其之前支路上一时刻的出口水温。

（7）由供水侧支路的出口水温，可得各盘管的进口水温，再由房间温度真实值（盘管进风温度）、盘管所在支路的冷冻水流量（由步骤 5 得到），以及给定的盘管风量，可由盘管模型计算各盘管的出口水温和出口风温。

（8）将盘管送风温度、风量输入房间模型中，计算得到房间温度真实值。

（9）将房间温度真实值输入传感器模型中，计算得到房间温度测量值。

（10）由各盘管出口水温，根据管道模型，依此计算回水侧各支路的出口水温，其中每个支路的进口水温为其之前支路或盘管的出口水温。

（11）根据回水侧各支路的出口水温，由混水模型，计算得到总回水温度。

该模拟平台的模拟时间步长为 1s，能够计算末端的动态调节过程，且能够计算水系统中的流动延迟和末端调节回路之间的耦合作用，本章中大多数模拟实验均基于该模拟平台，更详细的数学物理模型以及平台可靠性分析可以参考常晟的博士论文。

7.4　末端阀门可控的重要性

在蔡宏武的论文中提到，水泵台数调节或变频，末端实际不调节是目前中国内地最普遍的水系统控制方式。在常晟的博士论文[26]中，对这一情况进行了更为深入的讨论，发现末端调节方式对水系统特性起到决定性的影响。

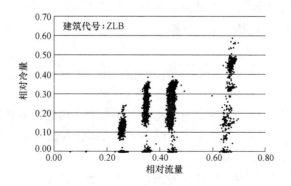

图 7-4　水泵变频控制末端水侧不控制

在许多研究和工程实践中存在如下观点：水系统实际特性由水泵控制方式决定。然而，实际数据显示，决定水系统实际特性的是末端调节方式而非水泵控制方式。

图 7-4 所示之水系统，水泵变频控制，末端水侧不控制，其实际特性为定流量运行，系统流量仅随水泵台数分档变化。而图 7-5 所示之水系统，水泵定速运行，末端水侧连续调节，其实际特性为变流量运行，系统流量随冷量连续变化。可见，末端调节方式对水系统实际特性有决定性影响。

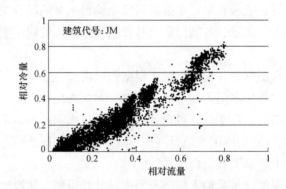

图 7-5　水泵定频控制末端连续调节

造成末端水侧不控制的主要原因在于，虽然在设计上采取了变频措施，空调末端设有自动调节水阀，但是在实际使用中，由于水阀渐渐损坏，水系统末端总体的阻力系数会趋于不变，这样水泵变频就自然无从谈起。

在蔡宏武的论文中提到，虽然中国内地的空调水系统大多数实际运行于定流量的工况，但中国香港的水系统却大多能较好地实现变流量运行[28]。在清华大学与太古集团的长期交流合作过程中，我们发现两方面因素可能是造成这种状况的原因：（1）通断阀门由于需要频繁开闭，且国内市场上阀门的质量参差不齐，在运行一段时间后极容易损坏；（2）以太古集团为代表的香港物业管理持有者运行管理水平相对较高，管理者会定期对末端损坏的阀门进行维修或者更换，使得末端持续处于可以控制的状态。而中国内地大多数物业管理部门对这一环节的重视程度不够，导致水阀逐渐损坏，最终水系统末端完全没有控制能力。

因此，为真正实现水系统的变流量控制，必须在末端的设计、采购和运行管理环节严格把控，保证水系统末端始终处于可控的状态，从而才有可能让水系统高效节能的运行。本章节接下来的讨论，均是基于末端可控的前提下进行分析。

7.5　末端换热能力的重要性

在实际工程项目中，由于种种原因，经常出现末端换热能力不足的情况。一旦出现这种情况，为了保证用户侧的房间温度不超标，必然造成流量大于末端设计流量，末端供回水温差小于设计温差的情况。

例如，以末端通断调节的风机盘管为例，在实际使用过程中，一些末端会被调至中档或低档风速，从而在同样的冷冻水流量下，实际供冷量将降低，因此系统总供回水温差会降低，系统曲线下塌。

如图 7-6 所示，当末端风机盘管全部运行于高档风速时，系统的平均温差为 5.1℃；而当末端风机盘管风机均运行于中低档时，系统的平均温差下降至 4.3℃。

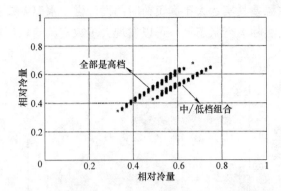

图 7-6　通断调节末端风量调节对水系统总体特性的影响

这一问题在使用连续调节阀的末端群中更为明显。图 7-7、图 7-8 分别给出了连续调节末端的理想工作曲线和模拟实验中一个空调箱在一段时间内的工作状态点，通过对比两

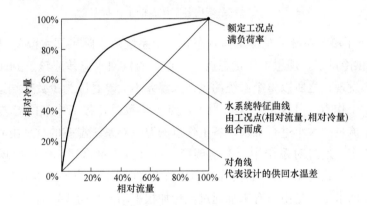

图 7-7　连续调节末端的理想工作曲线

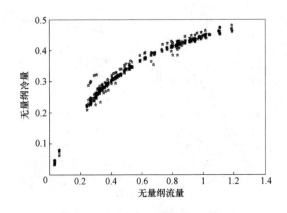

图 7-8　某连续调节空调箱工作状态点

条特性曲线可以发现，模拟实验中单一连续调节末端的运行状态是与理想特性曲线类似的。

从盘管的理想特性曲线不难发现，当盘管运行于部分负荷时，只需较少的流量即能提供较大的冷量，供回水温差其实远大于满负荷时的设计供回水温差。图 7-9 给出了该系统某一时刻各个空调箱的实际运行状态点，可以发现大多数空调箱均运行于部分负荷状态。

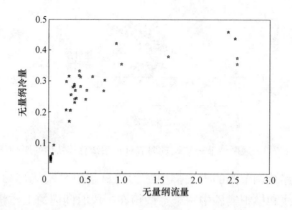

图 7-9　某时刻系统内各空调箱的工作状态点

图 7-10 给出了整个系统的整体工作状态，整个系统的实际供回水温差只有 4.9K（B点），而同样的供冷量下，理想工作状态点（A 点）的供回水温差应该达到 13K。通过对数据的分析我们发现，之所以整个系统的供回水温差不大，是因为少数末端运行于接近或者超过满负荷的工作点。其原因在于，当工作点不一致时，各工作点的温差并非直接平均，而是要根据流量的大小进行加权，各工作点的温差对系统温差的贡献由其流量站系统总流量的比例决定。通过对系统中所有空调箱末端进行流量排序，统计发现实际流量前 30% 末端的平均温差只有 4.7K，而实际流量排在后 70% 末端的平均温差达到了 14.5K。由于系统总的供回水温差是由所有末端通过流量加权平均混合而成，而低温差的末端恰恰是流量较大的末端，因此其在整个系统中所占的比重较大，最终加权平均后造成整个系统的供回水温差仅有 4.9K。

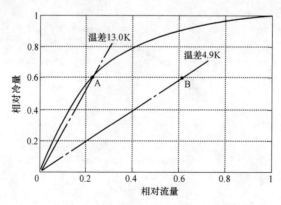

图 7-10　部分换热能力不足末端对整个系统的影响

通过上面连续调节末端系统的分析不难发现，若系统中存在换热能力不足的末端，必然造成这些末端运行于大流量小温差的状态，此时即便其他末端的运行温差良好，整个系统的总体温差也会被换热能力不足的少数末端拉低。

综上所述，末端盘管的换热能力对整个系统的运行状况影响非常大，尤其是连续调节的空调箱、新风机组末端群，仅需要少数几个换热能力不足的末端，就能使得整个系统的平均供回水温差被拉低。

因此在设计中应充分考虑末端换热能力的加强，在设计中可以考虑适当增大末端盘管的换热面积，可以有效避免由于个别末端换热不足造成的整个水系统运行状况恶化。而在实际项目运行管理中，应当尽量避免末端风量衰减、进风温度下降、污垢系数上升等因素对整个系统运行效果的影响。

7.6　末端耦合对水系统特性的影响

关于水系统的多数研究的特点是用单一末端特性代替水系统整体特性，然而水系统的本质特点是：一、系统包括大量末端，每个末端依据一定规则自主调节，调节过程包含非线性关系（盘管曲线）；二、末端存在于同一管网中，彼此之间存在耦合作用，如一个末端加大流量会导致其他末端流量减小。非线性和耦合性使得水系统成为一类典型的多个体系统，大量其他领域的研究[15-22]表明，多个体系统整体特性会涌现出单体所不具备的特点。因此，在研究水系统时，不能将系统中各末端视为孤立的个体，忽略个体之间的耦合作用；也不能将水系统视为静止的和平衡的，不能忽略微小扰动的存在以及其在非线性系统中可能产生的放大效应；而应以整体的、动态的视角，从多个体系统的角度重新认识水系统的特征，才能真正建立对水系统实际特性正确认识。

关于末端耦合性的定量刻画，常晟在其博士论文[26]中进行了详细的阐述，本书将直接引用其结论，直接阐述耦合性对水系统特性的影响。

7.6.1　通断调节系统

在我国的各类公共建筑中，以风机盘管为主的通断调节末端大量存在，通断调节原理如图 7-11 所示，水阀的阀位状态只有"全开"和"全关"两种，风机盘管的风机多为两档或三档调节，控制权在用户手中。

给定室温设定值 t_{set} 和控制回差 Δt 后，风机盘管水阀的控制策略为：

（1）当室温高于 $t_{set}+\Delta t$ 时，开启水阀；

（2）当室温低于 $t_{set}-\Delta t$ 时，关闭水阀；

（3）当室温介于两者之间时，维持水阀状态不变。

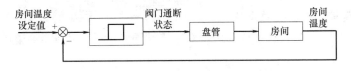

图 7-11　通断调节末端控制原理示意

图 7-12 给出了两个典型通断调节系统的实际运行特性曲线，与理论曲线相比，可以发现这两个水系统的实际特性曲线发生了明显的变异。其特点可归纳为如下两点：

（1）全年供回水温差偏低，大部分时段的供回水温差低于额定值；

（2）系统总冷量-总流量曲线变为"下凸"，即在部分负荷时，系统供回水温差不升反降。

值得注意的是，在图 7-12 所示的两个系统中，冷冻泵均采用了变频控制，且采用了节能性较好的定最不利支路（最高层）压差控制法。然而，其整体特性仍然出现了明显变异，说明一旦末端调节方式确定，水系统整体曲线的形状就得以确定，水泵的调节方式只能对曲线的凹凸度、在冷量-流量图中的相对位置进行调整，无法改变水系统自身的性质。

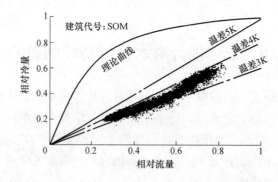

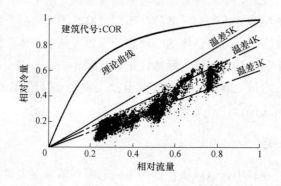

图 7-12 通断调节系统的典型案例

理想情况下，系统中所有末端均运行于设计工况点，则整个水系统的供回水温差应该为设计温差（通常为 5K）。然而在实际系统中，由于一些末端的风机会被调至中档或低档风速，使得盘管换热能力下降，从而会在一定程度上降低供回水温差（图 7-6）。但研究表明，风量的降低还不能完全解释通断调节水系统的整体特性，末端之间的相互影响也是造成水系统整体供回水温差下降的一个重要原因。

7.6.1.1　通断末端之间的相互耦合

以定供回水总管压差的水系统为例，对于末端通断调节冷冻水系统的整体特性可作如下定性分析：

（1）假设在某一工况下，所有末端的阀门均打开，如果系统经过良好的水力平衡，各末端的冷冻水流量均为设计值，则此时系统的总供回水温差为设计值。

（2）当一部分末端关闭阀门时，这部分末端的流量变为 0，对系统的总流量和总温差失去影响；由于末端之间的耦合性，一部分末端关闭阀门，会把水"挤向"其他保持阀门开启的末端，导致其他末端的冷冻水流量增大并高于设计值，出现"大流量、小温差"的工况，由于系统的总温差只受阀门开启的末端影响，所以与所有末端阀门全开时相比，当一部分末端关闭阀门时，系统的总温差会下降。

（3）建筑总负荷越低，开启的末端越少，通过每个开启末端的冷冻水流量就越大，系统供回水温差越低。这是系统总冷量-总流量曲线呈下凸形的原因。

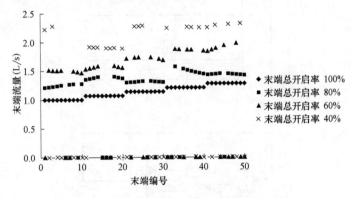

图 7-13　末端相互耦合对末端流量的影响示意图

之所以末端之间会相互影响，其根本原因在于管路本身存在阻力，当一部分末端关闭后，系统总水量减小，从而管路所消耗的扬程降低，此时仍然处于开启状态的末端就会获得比原来更多的资用压头，从而造成这些末端的水流量升高。在极端工况下，如果管路的阻力非常小，则所有末端的资用压头将都等于供回水总管压差，相当于所有末端并联，则所有末端之间都将互不影响。因此末端之间的耦合强弱与管路的阻力大小有直接关系，图 7-13 为末端相互耦合对末端流量的影响示意图。

7.6.1.2　模拟实验

下面通过两个算例来验证以上分析。两个算例的模拟对象相同，如图 7-14 所示，系统共服务 5 个楼层，每个楼层有 10 台风机盘管，每台风机盘管服务一个房间。

两个算例中，作如下相同的设定：

（1）房间温度设定值为 24℃，控制回差为±0.2℃；

（2）各盘管风量为额定风量（高速档）；

（3）系统供水温度为 7℃；

（4）在阀门全开状态下，系统作楼层间的水力平衡，楼层内未做水力平衡。

算例一与算例二的差别在于管网阻力系数：

（1）算例一：与通常设计参数相比，将管网中各非末端支路的阻力系数调至很低，使得管网中各末端之间耦合作用很弱。通常情况下，冷冻水系统内的沿程压降约为 100～300Pa/m；在算例一中，选择粗大的管段，使得此值降为 10～30Pa/m。

（2）算例二：采用通常管道选型方法，沿程压降约为 100～300Pa/m。

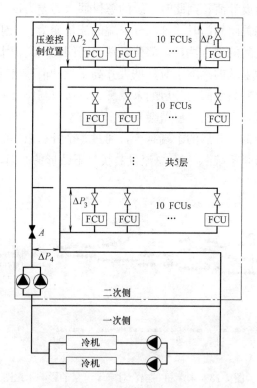

图 7-14　模拟系统示意图

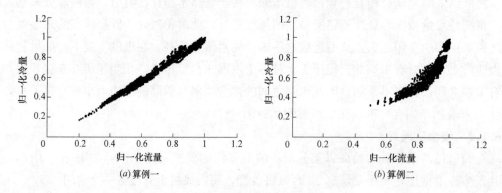

(a) 算例一　　　　　　　(b) 算例二

图 7-15　两个算例的归一化性能曲线

　　算例一与算例二的计算结果如图 7-15 所示。在算例一中，末端之间几乎没有耦合作用，系统冷量-流量曲线近似呈一条过原点的直线，说明系统供回水温差在冷量和流量下降时并不会随之下降，而是维持在恒定水平。而在更贴近实际系统沿程阻力系数的算例二中，整体曲线则呈现明显的下凸性。算例二与算例一的唯一不同之处在于增强了末端之间的耦合性，说明末端之间的耦合是造成系统整体冷量-流量曲线下凸的原因。

7.6.2　连续调节系统

　　空气处理单元、新风处理机组等空调末端多采用连续调节水阀，末端控制器通过调节水阀阀位，改变通过盘管的冷冻水流量，维持控制目标（回风温度或送风温度）在设定值

82

（参见图 7-16）。

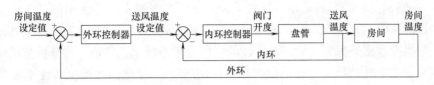

图 7-16　连续调节末端控制原理示意图

图 7-17 为五座香港建筑的水系统实际特性曲线，这五个水系统的实际特性均与理论

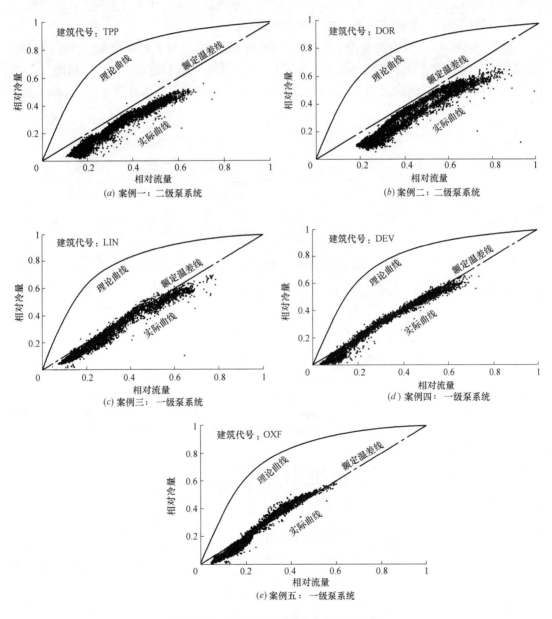

图 7-17　末端连续调节水系统的实际特性

曲线发生了明显的偏移。五个案例中，案例一、二采用二级泵系统（图中冷量、流量为二次侧数据），案例三、四、五采用一级泵系统。这些案例的实际特性相似，说明决定水系统实际特性的是末端调节方式，而非水系统的结构形式。所有这些水系统均呈现出类似的特性，全年供回水温差偏低，大部分时段的供回水温差低于额定值，部分负荷供回水温差并未出现明显的上升趋势，与理论曲线相比，实际冷量-流量曲线的上凸性明显减弱，当负荷率很低时，小温差问题更严重。

7.6.2.1　连续调节末端之间的相互耦合

在分析冷冻水系统的特性时，常将末端的调节过程视为静态的，即：对于给定的控制目标，如送风温度设定值，末端的水阀开度和冷冻水流量会稳定在某特定值上，使得控制目标刚好得到满足。然而实际系统中的现象并非如此。

图 7-18 显示了三台空气处理单元的实际调节过程。这三台空气处理单元的维护保养情况良好，没有传感器、执行器故障，采用串级控制策略，控制过程分为两个回路：外部回路通过调节送风温度设定值维持回风温度在其设定值附近，控制时间步长为 5min；内

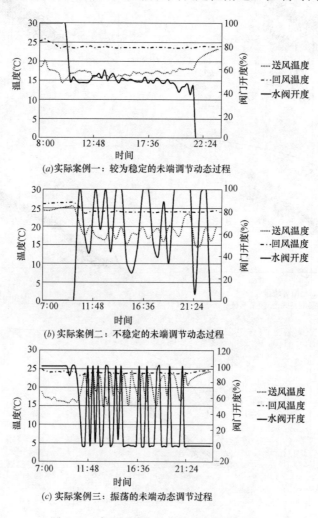

图 7-18　实际系统中的末端动态调节过程

部回路通过调节水阀开度维持送风温度在其设定值附近，控制时间步长为 5s。这三台空气处理单元的动态调节过程代表了实际系统中的三种情况：

（1）调节过程较稳定。如（a）图案例一所示，调节过程比较稳定，水阀开度的波动幅度在±10％之内。值得注意的是，这一过程并非绝对静止，而是存在一定的动态变化，只是变化的幅度不大。

（2）调节过程不稳定。如（b）图案例二所示，水阀开度存在±30％以上的大幅波动，送风温度存在±2℃的波动，回风温度基本稳定在设定值。

（3）调节过程振荡。如（c）图案例三所示，水阀开度在全关与全开间变化，呈现类似通断调节的特征。送风温度波动较大，但回风温度仍能被维持在设定值附近。

末端调节出现振荡的原因主要有两点：

（1）末端主动调节过程，由于房间负荷不会精确地稳定在某个值上且末端调节回路内部存在很多扰动，其综合效果是送风温度将围绕时均值来回波动。在同样的波动范围内，若盘管换热能力较大，则盘管的流量波动不会很明显，反之若盘管的换热能力一般，则盘管的流量波动将非常剧烈（图 7-19），系统中的"末端瞬时最大流量"将加大。

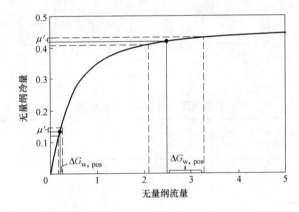

图 7-19　盘管曲线不同区域由送风温度主动调节误差引起流量变化

（2）末端之间的耦合作用

实际系统中，一些末端虽然未进行主动调节，但由于管网中其他末端在调节，系统的

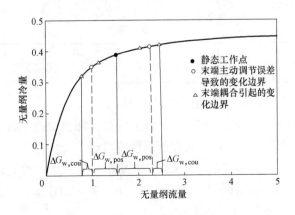

图 7-20　末端工作点的变动范围

阻力不断重新分配,导致这些末端所在的支路两侧的压差始终处于变化中,使得这些末端的流量和送风温度都将发生变化,从而进一步增大了其工作点的变化范围(图7-20)。

在常晟的博士论文中,对系统的上述两种影响进行了量化,通过末端受扰系数来刻画系统中某一个末端受其他末端的影响程度,包括两方面:(1)水力耦合程度:其他末端正常调节过程对某一末端流量的影响程度;(2)工作点敏感性:该末端所处工作点对流量变动的敏感程度。

7.6.2.2 模拟实验

模拟对象如图7-21所示,系统中包含六个水阀连续调节的末端,水阀的控制策略为调节水阀开度维持送风温度在设定值。六个末端的盘管选型一致,供水温度一致,但进风温度、风量和送风温度设定值不一致(表7-2)。

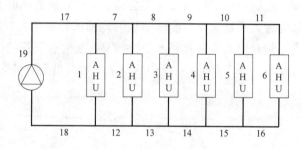

图 7-21 模拟案例

各末端工况与静态冷冻水流量 表 7-2

末端	进风温度 (℃)	风量 (m³/h)	送风温度设定值 (℃)	时均冷冻水流量 (m³/h)
1	25.4	8453	17.5	3.0
2	32.0	650	15.9	2.8
3	35.1	6242	23.7	1.9
4	18.6	5202	12.9	2.9
5	28.0	2016	15.7	2.8
6	27.0	3706	16.2	3.0

表7-3给出了各个末端受扰系数的数值,其中受扰系数越大,代表该末端受其他末端的影响越大。

各末端受扰系数 表 7-3

末端	1	2	3	4	5	6
受扰系数	0.09	0.06	0.8	0.25	0.32	0.5

模拟结果如图7-22所示,结果分为以下两类:

第一类:控制保持稳定性。末端1、2的送风温度和流量基本保持稳定,末端4、5、6的送风温度和流量出现波动,但水阀控制仍保持稳定。

第二类:控制振荡型,如末端3。末端3的受扰系数过大,控制回路受干扰强烈,送风温度主要受其他末端动作的影响,其控制回路被扰乱,出现了控制振荡,表现为水阀开度和流量均出现了大幅振荡。

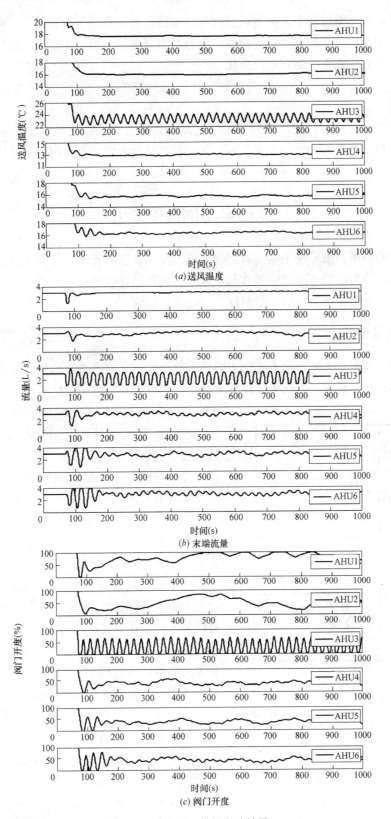

图 7-22　模拟实验结果

当这些末端在调节过程中大幅度振荡时，其工作状态更类似于通断调节末端，并且整个系统中各个末端的工作状态点更为分散，更容易出现少数大流量小温差末端拉低整体性能的情况，最终致使水系统运行状况恶化。

7.6.3　小结

本节通过理论与模拟分析，研究了末端之间互相耦合对水系统特性的影响。结论表明，空调水系统中各个末端之间互相影响，末端群之间耦合度越大，越容易造成水系统运行效果不佳的情况。

7.7　降低系统耦合度的方法

通过前文的分析，水系统中末端群之间的耦合度主要受到管网水力特性以及末端工作点敏感性的影响，系统耦合度越强越容易出现运行效果不佳的情况。因此在水系统的设计过程中，在实现水力平衡的同时应尽量降低系统水力耦合度。

7.7.1　降低管网阻力

非末端管路的阻力在整个水系统阻力中所占的比重越大，水系统的耦合度就越大，末端之间就越容易相互影响。因此为了降低末端之间的耦合性，应尽量降低非末端管路的阻力，避免在非末端管路上增加阻力部件。不仅可以改善冷量-流量特性，而且可以节省扬程，最大程度节省水泵能耗。

降低管网阻力的一个方法是增大管道直径，可以估算管道的阻力系数与管道直径之间的关系近似为 5 次方反比的关系，因此如果将管道直径增大至 1.5 倍，则管道的阻力系数将降低为大约原来的 1/10。此外，在水力平衡设计时，应尽量避免多级平衡阀等措施，避免在干管上安装平衡阀，对于局部水力不平衡的末端，再局部处理，在末端所在支路上进行平衡设计。而增大管道直径的做法可以自然的实现低耦合和水力平衡，虽然增加了部分管道的投资，但节省了很多不必要的平衡阀的投资。

下面通过三个模拟算例来说明降低管网阻力与常见水力平衡措施之间的差别。模拟对象为一个使用风机盘管末端的五层建筑，一共有 50 个风机盘管末端（图 7-23）。

模拟案例一中，不进行水力不平衡。在系统中不安装水力平衡阀，则所有阀门全开工况

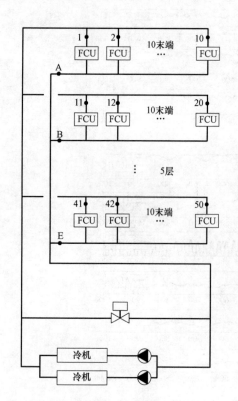

图 7-23　末端通断调节水系统的示意图

下各末端的流量如图 7-24 所示。

　　模拟案例二中，在每一层的水平干管上安装静态水力平衡阀，进行水力平衡。平衡阀安装的位置为各层的水平总回水管，如图 7-23 中的 A-E 点所示。在所有阀门全开的工况下，调节各平衡阀开度，使得各楼层之间基本实现水力平衡，如图 7-25 所示。

　　模拟案例三中，不安装平衡阀，而是增大主立管管径，降低主立管的阻力。在案例三中，各段主立管的直径为案例一中的 1.5 倍，管道阻力降为案例一的 1/10。降低了主立管的直径和阻力后，楼层间的水力不平衡现象得到明显缓解，所有阀门全开工况下各末端的流量如图 7-26 所示。

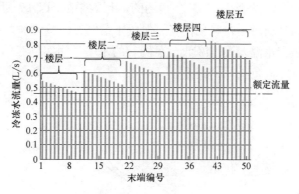

图 7-24　案例一所有末端阀门全开时的流量

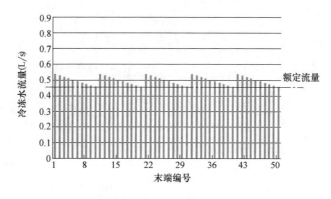

图 7-25　案例二所有末端阀门全开时的流量

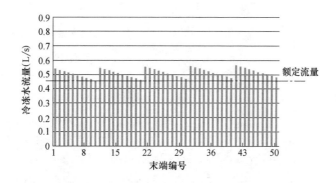

图 7-26　案例三所有末端阀门全开时的流量

三个案例的系统耦合度　　　　　　　　表 7-4

支路	系统水力耦合度
案例一	0.63
案例二	0.84
案例三	0.34

　　案例二采用增加非末端支路阻力的方法进行水力平衡，案例三采用降低非末端支路阻力的方法进行水力平衡，这两种方法都可以在阀门全开的情况下实现良好的水力平衡。然而由于这两种方法水系统耦合度差别很大，在部分负荷时的水系统运行状况也有很大差别，三个案例系统耦合度见表 7-4。三个案例的运行效果如图 7-27 所示，模拟结果表明，案例二和案例三在满负荷时运行状况良好，但由于案例二的系统水力耦合度高，导致系统负荷率降低时，其供回水温差迅速降低至案例一的水平。而案例三的系统水力耦合度低，在部分负荷时也能维持满负荷时的温差。

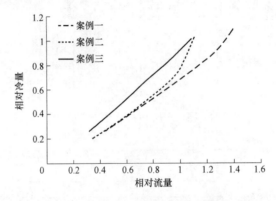

图 7-27　三个案例的系统曲线

　　除了可以有效解耦外，案例三中减小主立管阻力的措施可以显著降低水泵扬程，使得初投资和运行能耗都下降。案例一的水泵额定扬程为 15m，案例三的水泵额定扬程为 7m，初投资显著降低。在运行过程中，当负荷率为 60% 时，降低主立管阻力的措施能够显著降低水泵运行功率（图 7-28）。

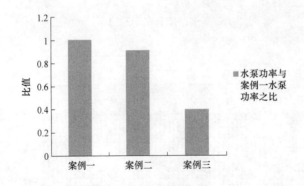

图 7-28　水泵运行功率比较（总负荷率 60%）

　　综上，在对水系统进行平衡时，应当尽量避免增加非末端支路的阻力，以免增大系统的水力耦合度，损害系统的整体特性。

7.7.2　不同类型末端的连接方式

实际系统中一个常见的情况是多种末端形式并存，一种常见的方式是将 AHU 和 FCU 置于同一个支路中。这种连接方式的问题在于，AHU 和 FCU 的资用压差需求相差很多。AHU 的盘管通常需要 5m 左右的压差，按阀权度 0.5 计算，AHU 所在支路需要 10m 左右的压差，但是 FCU 盘管通常只需要 2～3m 的压差。考虑到沿程损失，FCU 末端群需要的总压差约 4m。因此为了满足 AHU 的需求，FCU 得到的压差是明显过剩的。如果不进行水力平衡，那么 FCU 打开水阀时会严重超流量，造成小温差现象。而如果进行水力平衡，通过调节平衡阀消耗过剩压差，则会提高非末端支路阻力，加重水系统的耦合度。

因此在设计系统时，应当尽量避免将资用压差需求相差比较大的末端并置于同一支路。可以参考的方法有：（1）将不同类型的末端设置于不同的主立管，各主立管采用独立的水泵；（2）如果将不同类型的末端至于同一支路，则集中设置的水泵按照资用压差需求较低的末端群提供压差，如上例中的 FCU，而压差需求较高的末端则单独配备小泵补充压差。

7.8　结　论

（1）末端调节方式对水系统实际特性有决定性影响，末端阀门大面积损坏是很多实际建筑水系统能耗偏高的主要原因，因此必须保证末端阀门可控。为保证末端阀门可控，物业管理部门必须定期检查阀门损坏情况，并对损坏的阀门进行维护。此外，在末端阀门的招标采购过程中，应适当提高技术标所占权重，避免由于低价中标影响阀门质量。

（2）末端盘管的换热能力对水系统的整体运行状况有显著影响，在设计中可以考虑适当增大末端盘管的换热面积，而在实际项目运行管理中，应当尽量避免末端风量衰减、进风温度下降、污垢系数上升等因素对整个系统运行效果的影响。

（3）冷冻水系统属于典型的多个体系统，末端的非线性与耦合性对整体特性的形成有重要作用。对于末端通断调节系统，末端耦合和风量降低将造成系统曲线下凸且具有宽度；对于末端连续调节系统，盘管选型偏小、风量衰减等造成部分末端工作点位于平台区，控制过程的微小误差会导致平台区工作点流量的大幅波动，末端耦合加剧了这一过程。这使得各时刻总有个别末端流量很大、温差很低，这些末端主导了系统总温差，造成系统曲线的下塌。

（4）采取降低非末端支路阻力等降低系统耦合度的方法可以有效改善水系统的运行状况。

第 8 章 排风热回收

8.1 排风热回收的研究背景

建筑物的室内空气品质对室内人员的健康有着直接且重大的影响，因此室内空气品质越来越被人们所重视。为了保证室内的空气品质，空调系统需要为室内提供足够的新风量来稀释室内的有害物，在一些特殊的场合甚至会要求全新风，这样由新风所带来的空调负荷就非常大，成为空调系统能耗的主要部分。据调查，新风空调负荷占总空调负荷的比例可高达30%以上。在提倡节约能源的大背景下，人们一直努力寻求减小新风处理能耗的方法。

为了维持室内空气量的平衡，在给室内提供新风的同时，需要将等量的室内空气排出室外。在夏季，室内温度低于室外新风温度，室内含湿量也低于室外新风含湿量，利用热回收装置使室内排风和室外新风进行热交换，可以降低新风温度和湿度。在冬季，室内温度高于室外新风温度，室内含湿量也高于室外新风含湿量，利用热回收装置使室内排风和室外新风进行热交换，可以提高新风温度和湿度。基于上述原理，排风热回收被认为是减小新风能耗的有效手段，开始得到广泛应用。通过排风热回收，可以使新风在进入室内或空气处理机组进行热湿处理之前，利用排风中的能量来对其进行预冷（预热），降低（增加）其焓值，从而减小空调系统负荷。因此，排风热回收是减小新风处理能耗的重要手段，空调系统方案设计时应考虑利用排风热回收设施降低处理新风的能耗。

设置排风热回收装置后，会增加新风与排风支路的通风阻力（包括热回收装置本身、配套过滤器、风管连接件），因此会增加新风机与排风机的电耗，排风热回收装置的能效比即为其回收的能量与消耗的风机电耗之比，见式（8-1）～式（8-3），只有热回收装置的能效比 COP_R 超过原空调系统时，热回收装置才能起到节能效果。以夏季空调为例，常规制冷系统效率按 4.2 计（冷水机组全年平均能效比 6.0，冷冻水全年累计工况输送系数 30，冷却水全年累计工况输送系数 35，冷却塔全年平均能效比 100），排风量与新风量相等，热回收效率 65%，风机效率 70%，送风机和排风机扬程均增加 300Pa，则室内外的焓差要达到 4.6kJ/kg 或者温差要达到 4.6℃时，热回收装置才节能。同理，如冬季热泵系统效率 3.6，冬季室内外的焓差达到 4kJ/kg 或者温差要达到 4℃时，热回收装置才节能。

我国大部分地区在夏季或者冬季大多数时间，室内外都会超过以上的焓差或温差，可见在以上的设计工况下，排风热回收装置在冬季或夏季是具备节能潜力的。

$$Q_R = \frac{\rho G_e \cdot (h_{in} - h_{out}) \eta_R}{G_f} \tag{8-1}$$

$$W_{fan} = \frac{(G_f + G_e)\Delta P}{1000 \eta_{fan} G_f} \tag{8-2}$$

$$COP_R = \frac{Q_R}{W_{fan}} = 1000 \frac{G_e}{(G_f + G_e)} \cdot \frac{\rho \cdot (h_{in} - h_{out}) \cdot \eta_R \cdot \eta_{fan}}{\Delta P} \qquad (8\text{-}3)$$

式中 Q_R——单位新风量，热回收装置回收的热量，$kW/(m^3/s)$；

     W_{fan}——单位新风量，风机增加的电耗，$kW/(m^3/s)$；

     COP_R——热回收装置的能效比；

     ρ——空气密度，kg/m^3；

     G_e——排风量，m^3/s；

     G_f——新风量，m^3/s；

     ΔP——风机增加的扬程，Pa；

     h_{in}——室内空气焓值（温度），kJ/kg（℃）；

     h_{out}——室外空气焓值（温度），kJ/kg（℃）；

     η_R——热回收效率；

     η_{fan}——风机效率。

从式（8-3）可见，热回收装置的节能效果与室内外的温差（焓差）有直接关系。纵观全年，室外的气象参数变化范围很大，过渡季有很多时刻是不能从排风中回收能量的，而风机的电耗全年都增加了，因此在冬季或者夏季具有节能空间并不意味着全年累计也可以节能。同时，由式（8-3）可见，热回收装置的节能效果与排风量大小、热回收效率、风机效率、系统增加的阻力都有直接关系，以上这些因素在热回收装置的应用中，都会对其节能效果产生直接影响。

综合以上简要分析可见，理论上排风热回收装置应该具备一定的节能潜力，但其节能效果受当地的气象参数影响很大，也与系统设计中的具体参数直接相关。

在 2005 年颁布实施的《公共建筑节能设计标准》GB 50189 中首先对排风热回收的应用提出要求，在建筑物内设有集中排风系统并满足一定条件时，宜设置排风热回收装置。继而在各地出台的地方标准或细则也均响应，明确提出了在公共建筑中应用排风热回收的要求，如严寒地区的《黑龙江省公共建筑节能设计标准实施细则》、寒冷地区的《北京市公共建筑节能设计标准》、夏热冬冷地区的《上海市公共建筑节能设计标准》、夏热冬暖地区的《广东省公共建筑节能设计标准实施细则》，只有处于温和地区的《云南省民用建筑节能设计标准》未对此提出要求。在各地节能标准中，只有北京市的标准相对严格的明确了必须应用的规模和情况，其他地区无一例外的仅提出"宜"采用，及应分析计算确定。这在一定程度上也说明，排风热回收技术并不是放之四海而皆准的节能措施，应严谨采用。

那么到底排风热回收技术的应用效果如何、是否能实现节能、是否经济合理、如何设计运行才能保障其效果，是在确定排风热回收方案时必须考虑的问题。

8.2 研 究 方 法

8.2.1 研究思路

对排风热回收的研究，拟采用下图 8-1 所示的研究思路，首先通过调研测试对排风热回收系统的应用情况进行分析，总结运行效果及出现的各种问题，然后基于运行中出现的问题，通过模拟分析研究这些问题对排风热回收的节能效果的影响，研究影响排风热回收效果的因素，最后，总结运行现状和模拟分析结论，提出排风热回收适用性结论及应用要点。

图 8-1　排风热回收研究思路

基于本次研究结论，最后对一些典型区域、建筑的排风热回收方案进行模拟分析，给出部分方案的经济性分析参考表。本次研究考虑的主要影响因素如下：

（1）气候区

热回收系统在不同气候条件下发挥的作用差别很大，本次研究针对我国五个主要热工气候区，分别选取代表城市进行研究。

夏热冬暖：广州；

夏热冬冷：上海、成都（选两个城市，是因为两地目前均有太古地产的项目，而且两地的虽然气候区相同，但是能源价格差别较大）；

寒冷地区：北京；

严寒地区：哈尔滨；

温和地区：昆明。

（2）室内设计参数

夏季：24～26℃，相对湿度 60%；

冬季：20～22℃，相对湿度 40%。

（3）建筑功能

本次研究针对的建筑功能主要是商用公共建筑，之所以区分建筑功能，主要是因为不同类型建筑使用时间不一致，热回收系统的工作时间有差异。

大型商用办公楼：上午 8：00～下午 18：00；

大型商场：上午 10：00～晚上 22：00；

高星级酒店：24h。

（4）热回收器类别

对目前应用广泛的设备进行分析。

全热回收：转轮、板翅式；

显热回收：热管、板式。

（5）热回收器规模

针对上述功能建筑常用的设备型号进行分析。

风量范围：5000～30000m³/h。

综合以上因素，对不同组合，分别分析采用排风热回收的节能效果和经济性，基于此对部分地区、建筑、部分热回收方案给出适用性结论，供设计参考。

8.2.2 模型简介

排风热回收方案的论证集中在其经济性上，经济性分析包括两部分内容：投资分析和节省运行费用分析，在经济性分析的基础上，分析排风热回收方案的投资回收期或者生命周期费用。

（1）排风热回收设备对投资的影响

1）增加的费用：热回收设备初投资、材料费和安装费用；热回收设备本身的投资是设置排风热回收增加投资最重要的部分，分析中不同类型的设备均采用国内知名品牌的预算价，即采用中等费用的设备进行分析。

2）减少的费用：设置排风热回收系统后，空调系统的冷热源容量降低，制冷系统（冷水机组、水泵、冷却塔、水处理设备、控制设备、配电设备等）和供热系统（锅炉、水泵、水处理设备、控制设备、燃料系统等）的设备费、材料费和安装费用会减少。一般情况下进行此类分析时，并不考虑此项减少的费用，原因主要是设计人员的保守，在进行空调系统冷热源设计、末端管道及末端机组设计时，均未考虑排风热回收系统的作用，因此以上系统并未减小型号。本章节在分析时，为了能够更客观的评价此技术，在一定程度上（考虑到热回收设备的可靠性、性能衰减等，按照其设计削减冷热负荷的80%计）考虑以上冷热源系统费用的减少量。当然，这依赖于在冷热源系统的设计中要充分考虑排风热回收的作用。

（2）排风热回收设备减少的运行费用分析

分析运行费用关键是对排风热回收设备全年逐时回收能量和风机增加电耗的计算。全年不同季节，室外的环境有非常大的变化，室内的空调负荷也会改变，所以计算热回收装置的节能效果时必须进行全工况分析，应采用被模拟地点的典型年全年逐时气象参数进行分析。在模拟计算中采用的逐时气象数据为相应地区典型气象年参数，其数据来源为中国气象局与清华大学联合开发的《中国建筑热环境分析专用气象数据集》，数据集的基础数据为来自全国各个气象台站近30年的实际监测数据。

新风与排风换热所能回收的能量计算并不复杂，根据相应的热回收效率，结合风量、室内外环境参数即可得到。但实际上不能直接用室内外温度差、湿度差乘上风量效率来计算有效的热回收量，举个例子说明，过渡季或者冬季室内需要供冷时，室内要求温度22℃，室外16℃，此时新风更适合直接送入室内，如果经过热回收系统，反而降低了新风的冷却能力，回收的能量非但不起到节能的作用，甚至有可能起到相反的作用。因此，热回收设备实际节能量，与房间的供冷供热需求是密切相关的，绝不只是新风和排风之间的焓值差或者温度差决定的，在排风的能量回收分析中充分考虑这一点。因此，热回收设备逐时回收能量的计算，应在逐时气象数据的基础上，根据房间负荷情况，确定系统的送风要求，然后再以此为基础确定此时热回收装置能够节省的能量。

在逐时回收能量的基础上，以目前常用的冷热源系统形式（电制冷离心机、燃气锅炉），折算为节约的制冷电耗和供热燃气消耗，并基于当地全年逐时电耗（个别地区实行分时电价、分季节电价政策），计算得到全年逐时可节约的费用。

8.3 实际项目的应用情况

排风热回收技术在国内民用建筑中的应用超过二十年，在节能标准提出要求后，应用范围迅速扩大。通过在实际项目的调研测试，排风热回收系统暴露出了很多问题，可归结为以下几类。

由于目前转轮热回收装置应用最广泛，因此调研测试的案例都是转轮热回收装置。所调研测试项目为随机挑选，并非发现运行问题才去测试，所以一定程度地体现目前热回收装置的应用现状。

8.3.1 排风热回收系统问题

（1）热回收效率低

北京的某节能示范楼中，转轮系统的实测热回收效率为59%，南京某项目的四台转轮，热回收效率分布在45%~65%之间，广州一写字楼的转轮实测热回收效率不足40%，以上项目测试的多台机组的热回收效率均低于设计参数（一般转轮的设计效率可达75%），远低于设备样本中能够达到的80%~90%的热回收效率。热回收效率偏低，直接减少了能够回收的能量。

是什么原因导致热回收装置效率偏低呢？图8-2为根据某品牌产品性能参数绘制的转轮热回收效率和风阻与迎面风速的关系曲线，由图8-2可见，迎面风速对其效率和通风阻力均有显著影响。比较理想的迎面风速应控制在2.5m/s以下，这样热回收装置的效率可达70%以上，初始通风阻力不超过100Pa。

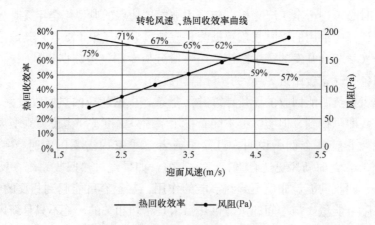

图8-2 热回收装置效率、风阻曲线

对转轮热回收器，在应用中有两种安装形式：一是转轮装置单独供货再与组合式空调箱连接，如图8-3所示，按照转轮的设计风速选型的转轮尺寸比空调箱尺寸大很多，超出空调箱部分的转轮面积没有作用，转轮的有效面积偏小，从而迎面风速会偏高，某项目按此方案设计，转轮实际迎面风速高达3.85m/s；二是组合式空调箱集成转轮热回收装置，如图 8-4 所示，组合式空调箱并不会因为转轮装置的尺寸增大整体尺寸，而是选择尺寸能够符合空调箱尺寸的转轮，这样转轮的有效面积更小，迎面风速更高，某设备供应商提供的组合式转轮热回收机组，其所有规格的转轮迎面风速均超过4.2m/s，最高风速超过 6m/s，在此风速下，转轮的理论效率已低于 60%，风阻则近200Pa。转轮热回收装置的这两种常用方案，都存在迎面风速过高的问题，会造成实际运行时的效率偏低。

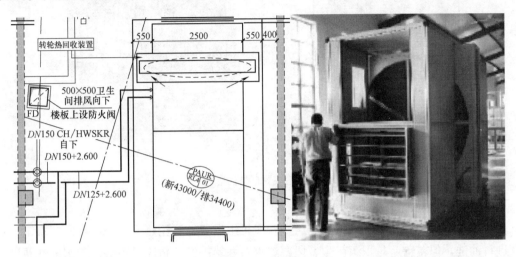

图 8-3　转轮热回收装置安装方式一

图 8-4　转轮热回收装置安装方式二

造成转轮热回收效率低的另一个原因是设备自身构造问题，如图 8-5 所示，转轮芯体部分和框架部分在运行中出现较大缝隙，形成空气绕过转轮的旁通，旁通的新风其热回收效率为零，旁通的排风减少了可回收的排风量，从而减少了新风回收的能量。这种情况在大尺寸的转轮装置中较易发生。

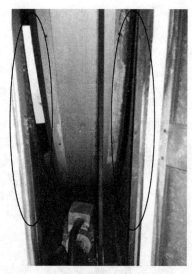

图 8-5 转轮装置自身构造密封不良

（2）热回收装置过滤器阻力大

北京某 20 世纪 90 年代运行的酒店，新风机组设置了转轮热回收，虽然定期有工人对其进行冲洗，但转轮还是积满灰尘、堵塞严重，系统提供的新风量不够。测试发现新风量仅为设计值的 40%，为了保证客房有足够新风量，只得拆除了此转轮。

广州某 2011 年投入运营的写字楼的转轮热回收机组，其转轮和过滤器压降高达 400Pa，几乎达到了整个新风机组压降的 1/3。

以上两个实例说明热回收装置及其配套的过滤器阻力过大，会使风机能耗增加过多，从而影响排风热回收装置的节能效果。

另外，前面提到的转轮迎面风速偏高的问题同样是造成阻力偏大的原因之一，而且未能及时进行有效清洁造成的脏堵，会进一步增加通风阻力。

（3）排风量小

目前的排风热回收系统设计方案中，由于需要维持室内微正压以及部分排风无法收集，使得排风热回收装置的设计排风量都小于新风量，一般设计排风量最多达到新风量的 80%，而在实际运行中，往往连 80% 都难以达到，北京某 2011 年投入使用的综合楼转轮装置的排风量仅为新风量的 20%。由于排风热回收装置是从排风中回收能量，排风量过低，也就直接减少了能够回收的能量。

排风装置排风量比新风量小，多数是设计方案造成。如对办公区域，往往卫生间的排风不便收集到空调机房直接排放，且还要满足室内保持微正压的要求，可收集的排风量连 80% 都难以达到。另外，因为空调机房面积紧张，设置排风热回收后接管难度增加，经常会出现图 8-6 所示的风管无法合理连接的情况，此案例存在风管弯头曲率半径小、风管拐 180°弯、用连接箱代替弯头、风管接热回收装置无渐扩管和渐缩管等一系列增加通风阻力的问题，这些阻力如未能准确计算，则风机无法提供足够扬程，从而会使风量偏小。

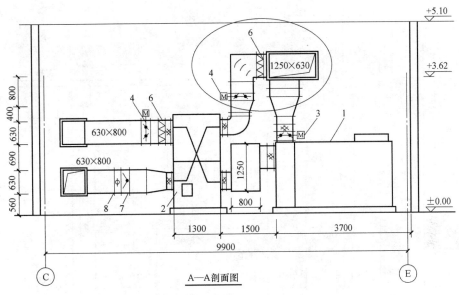

图 8-6　某项目空调机房接管图

（4）热回收装置漏风

热回收装置漏风是指，排风在经过热回收装置时，直接通过热回收装置或者排风与送风侧之间的缝隙，进入送风侧，与新风混合后送入室内的现象。

前面内容所提到的几个项目，北京某酒店的转轮，测试发现排风漏风量占新风侧送风量的 50%，北京某节能示范楼转轮系统排风漏风量占新风侧送风量的 17%，北京某商业项目转轮热回收机组排风漏风量占新风侧送风量的 18%。热回收装置漏风会减少实际送入室内的新风量，直接影响室内空气品质。在排风存在污染时，则更加无法接受。

对转轮热回收机组来说，因为自身构造会导致少量的漏风，较难以避免，在系统设计存在问题时会加大漏风量。图 8-7 所示的某项目设计方案，转轮的排风侧位于排风机出口侧，为几百帕的正压，转轮的新风侧位于新风机的入口侧，为负压，转轮的排风侧和新风侧的压差达数百帕，这样在转轮本身无法密封的情况下，导致了实际运行中 18% 的漏风量。

（5）风机效率低

在部分项目的测试发现，新风机与排风机的效率仅为 50% 左右，由 8.1 节中的式（8-2）可见，这会使系统因设置排风热回收增加的风机电耗更大，影响其节能效果。

风机效率低，一般是由于未进行详细的水力计算，导致风机选型不当，运行中偏离高效点造成。可在施工图深化设计后（包括机房布置详图），对通风管道进行详细水力计算，保证风机选型适当。

8.3.2　解决方案

排风热回收装置在运行中发现的上述问题基本上是设计问题、运行问题，针对其原因，可有以下解决方案：

（1）热回收效率低、通风阻力大的对策：控制热回收装置的迎面风速小于 2.5m/s，

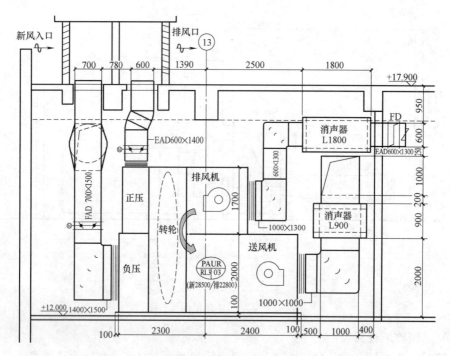

图 8-7 转轮漏风示意图

选用装置构造严密不漏风的设备类型，监测热回收装置/过滤器的阻力，及时清洁维护。

（2）排风量偏小的对策：在空调系统设计时考虑风平衡，可不对所有新风机组进行热回收，考虑卫生间、厨房等不可收集的排风，计算可收集的总排风量，按照排风量与新风量相等的原则，选择部分新风机组设置排风热回收。保证机房通风管道设计合理，保证弯头连接的曲率半径，设置导流叶片，避免使用风速偏高的连接箱，避免风管超过 90°的急转弯。进行详细水力计算，保证风机选型适当。

（3）热回收装置漏风的对策：首先保证机组设计合理，避免新风侧和排风侧的压差过大，如使热回收装置在新风侧和排风侧均位于风机负压端；优先考虑不漏风的热回收设备类型；对组合式机组的排风侧和新风侧连接部位严格密封，招标时对机组提出气密性要求。

以上为在实际项目调研测试中发现的问题，具有一定的普遍性，但其对排风热回收的节能效果的影响有多大，难以通过短时间的测试数据来体现，接下来通过全年的模拟计算来研究各项因素对排风热回收装置的影响。

8.4 影响因素分析

以一个广州地区的办公建筑新风机组为例进行模拟分析，空调开启时间为每周一～周五的 8：00～18：00，采用转轮热回收机组，机组风量 15000m³/h，新风机组运行时间与空调时间一致。模拟中，基于典型年逐时气象数据，逐时计算热回收装置回收的冷热量，并根据常规冷热源的效率折算为节约的制冷电耗或燃气消耗，逐时计算热回收设备增加的风机和驱动装置能耗，根据逐时的能源价格，计算逐时节约的费用，并根据供应商提供的设备价格来进行经济回收期分析。基于测试调研发现的问题，分析热回收效率、热回收装置和过滤器阻力、排风量、风机效率对排风热回收效果的影响。

（1）热回收效率分析

需要说明的是，在对某个因素进行分析时，影响热回收效果的其他因素按照正常设计目标值确定，例如在分析热回收效率时，排风侧和新风侧增加的热回收装置、过滤器、管道总阻力取 300Pa，排风量等于新风量，风机效率取 70%（以上参数取值均为较理想状态），在此基础上，研究热回收效率变化对节能量和经济性的影响。

图 8-8 的模拟结果显示，热回收效率每降低 10%，节约的空调费用降低 25%（节约的电能和燃气费用总和，可以理解为节能量）；根据模拟数据，当热回收效率低于 34%时，热回收装置会增加能耗。

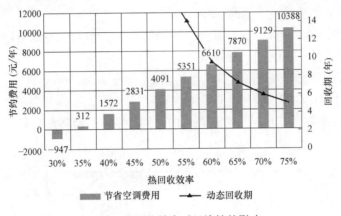

图 8-8　热回收效率对经济性的影响

热回收装置的动态回收期随着热回收效率下降增加的速度更快，当热回收效率低于65%时，其动态回收期增加到 7 年多，经济性已经比较差了。因此，热回收效率对系统的经济性有显著影响。

（2）通风阻力的分析

分析热回收装置通风阻力影响时，热回收装置的热回收效率取 65%，排风量等于新风量，风机效率取 70%，在此基础上，研究热回收装置、过滤器及连接管件通风阻力变化对节能量和经济性的影响。

图 8-9 的模拟结果显示，通风阻力每增加 100Pa，节约的空调费用降低 30%，当增加的通风阻力达到 550Pa 时，基本不节能，当通风阻力超过 550Pa 时，热回收装置会增加能耗。

热回收装置的动态回收期随着通风阻力的增加而延长的速度非常快，当通风阻力达到350Pa 时，其动态回收期已达 10 年多，经济性已经非常差了。通风阻力对系统的经济性有显著影响。

（3）排风量的分析

分析热回收装置排风量的影响时，热回收装置的热回收效率取 65%，排风侧和新风侧增加的热回收装置、过滤器、管道总阻力取 300Pa，风机效率取 70%，在此基础上，研

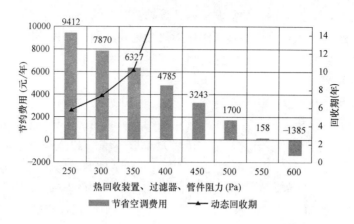

图 8-9　通风阻力对经济性的影响

究排风量变化对节能量和经济性的影响。

图 8-10 的模拟结果显示，排风新风比每降低 10%，节约的空调费用降低 15%，当排风量与新风量之比低于 30% 时，热回收装置会增加能耗。

热回收装置的动态回收期随着排风量的减小而延长的速度也非常快，当排风量减小到新风量的 90% 时，其动态回收期已达 9 年多，而排风量降低到 80% 时，其动态回收期已达 13 年，经济性非常差。排风量与新风量的比例对系统的经济性有显著影响。

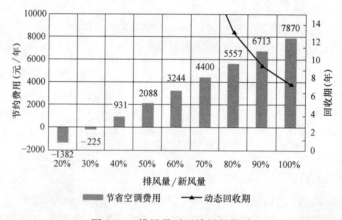

图 8-10　排风量对经济性的影响

（4）风机效率的分析

分析风机效率的影响时，热回收装置的热回收效率取 65%，排风侧和新风侧增加的热回收装置、过滤器、管道总阻力取 300Pa，排风量与新风量相等，在此基础上，研究风机效率变化对节能量和经济性的影响。

图 8-11 的模拟结果显示，风机效率每降低 10%，节约的空调费用降低 15%，当风机效率只有 40% 时，节能量接近于零，模拟可得，当风机效率降低到 38% 以下时，热回收装置会增加能耗。

热回收装置的动态回收期随着风机效率降低而延长的速度比前几个因素略慢，当风机效率从 80% 降低到 70% 时，其动态回收期增加 1 年多，而风机效率从 70% 降低到 60%

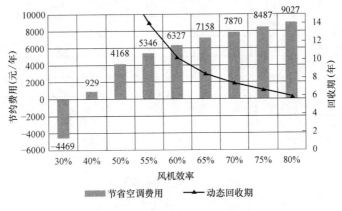

图 8-11　排风量对经济性的影响

时，其动态回收期会增加 3 年多，可见风机效率同样对系统的经济性有着显著影响。

综合上述分析，热回收效率、热回收装置及过滤器风阻、排风量、风机效率对热回收系统的节能效果和经济性有显著影响。在实际项目中出现了上述问题就会大大降低排风热回收的节能效果，导致有些项目不仅不能收回成本，甚至根本就不节能。

热回收装置高效、风机高效、热回收装置的风阻低、排风量不低于新风量是热回收系统经济合理的前提，任何一个因素出现一定偏差时，都将导致系统经济性很差。应用热回收系统必须控制以上因素！

除以上因素外，热回收装置的类型、机组的规模、机组运行时间、室内设计参数、是否削减冷热源容量等也会直接影响到热回收装置的节能效果和经济性，仍以上面的案例进行分析，结果见表 8-1～表 8-5。

热回收装置类型的影响分析　　　　表 8-1

		全 热 转 轮	显 热 转 轮
节约制冷电耗	kWh/a	17714	2948
节约燃气量	Nm³/a	6	6
风机增加电耗	kWh/a	9816	9816
节省空调费用	元/a	7870	−6791
增加成本	元	43500	36975
静态回收期	年	5.5	—
动态回收期	年	7.3	—

由表 8-1 可知，对此案例，全热回收转轮具有一定的经济性和节能效果，而显热回收转轮则根本不节能。

热回收装置规模的影响分析　　　　表 8-2

		6000m³/h	15000m³/h
节约制冷电耗	kWh/a	7086	17714
节约燃气量	Nm³/a	2	6
风机增加电耗	kWh/a	4224	9816

续表

		6000m³/h	15000m³/h
节省空调费用	元/年	2853	7870
增加成本	元	25500	43500
静态回收期	年	8.9	5.5
动态回收期	年	—	7.3

　　因为规模较小的设备，单位风量的造价较大，因此当热回收装置单机容量较大时，其经济性更好，15000m³/h机组比6000m³/h机组的回收期短很多（见表8-2）；在考虑资金折现率和设备使用寿命后，6000m³/h机组则不能收回投资。热回收装置的规模会影响到方案的经济性，设计时，应尽量采用单机规模较大的系统方案。

室内设计参数的影响分析　　　　　　　　　　　　　　　　　　表8-3

		夏季室温:26℃ 冬季室温:20℃	夏季室温:24℃ 冬季室温:22℃
节约制冷电耗	kWh/a	17714	23705
节约燃气量	Nm³/a	6	7
风机增加电耗	kWh/a	9816	9816
节省空调费用	元/年	7870	13823
增加成本	元	43500	43500
静态回收期	年	5.5	3.1
动态回收期	年	7.3	3.5

　　当室内设计标准较高时，室内外的温差或焓差更大，热回收装置具备更大的节能空间，表8-3显示，当室内设计参数为夏天24℃、冬天22℃时，比室内设计参数夏天26℃、冬天20℃时的节能量增加75%，动态回收期短一半时间。

热回收装置运行时间的影响分析　　　　　　　　　　　　　　表8-4

		周末不运行,每天运行7h	周末不运行,每天运行10h	周末运行,每天运行10h
节约制冷电耗	kWh/a	12413	17714	24667
节约燃气量	Nm³/a	0	6	57
风机增加电耗	kWh/a	6871	9816	13728
节省空调费用	元/年	5502	7870	11137
增加成本	元	43500	43500	43500
静态回收期	年	7.9	5.5	3.9
动态回收期	年	13.3	7.3	4.6

　　热回收装置运行时间长，则全年可以回收更多的能量，热回收装置的运行时间取决于新风机组的运行时间。表8-4显示的三种情况，当机组运行时间发生变化时，节能量变化显著，经济性也相差很大。本项目如果新风机组每天运行不超过7小时，动态回收期达13年，经济性很差，而如果每天运行10h，经济性尚可。

是否削减冷热源容量的影响　　　　　　　　　　　　　　　表 8-5

		不考虑削减冷热源容量	削减冷热源容量
节约制冷电耗	kWh/a	17714	17714
节约燃气量	Nm³/a	6	6
风机增加电耗	kWh/a	9816	9816
节省空调费用	元/年	7870	7870
增加成本	元	43500	14980
静态回收期	年	5.5	1.9
动态回收期	年	7.3	2.0

当空调系统中采用了热回收装置后，因为回收了排风的冷热量，从而减小了处理新风的能耗，即减小了新风的空调负荷，这会降低整个建筑的总的空调冷热负荷，如果在设计中充分考虑热回收装置对冷热源容量的影响，则会减小冷热源的初投资，使设置热回收装置增加的投资大大减小，从而改善采用热回收装置的经济性。表 8-5 显示，如削减冷热源容量，动态回收期只有不削减冷热源容量时的 1/3。在实际设计中，设计师往往不考虑热回收装置对冷热源容量的影响，其原因可能包括热回收装置的可靠性、运行管理水平限制等导致热回收装置不能实现设计的节能量，削减冷热源容量会有冷热源容量不足的风险。所以，是否考虑削减冷热源容量，削减多少，前提是要使排风热回收系统能运行良好。

通过上述分析，机组运行时间、室内设计标准、单台机组容量、对冷热源容量的削减、全热/显热类型也是热回收装置选用时不可忽视的因素。同样一个建筑的新风机组，以上因素的不同，会导致排风热回收的节能效果和经济性有质的差别。

除以上分析的因素，气候、建筑功能、能源价格也显而易见的影响排风热回收的经济性，此处用特定地区、功能的案例分析的各项数据结论虽然不能直接作为所有项目的参考，但可以说明的是，排风热回收的节能效果和经济性影响因素很多，其节能量和经济性非常容易受到影响，即使通过理论分析计算具备节能潜力的项目，也会因为一两个参数的偏差严重影响节能量，严重时会导致无法收回成本，甚至浪费能源。

8.5　排风热回收实用性及应用要点

基于以上排风热回收的运行状况和影响因素分析，在实际项目中应考虑或实现如下几点，才能确保排风热回收的节能效果：

（1）相对于排风热回收增加的风机能耗和投资，只有回收的能量足够多，排风热回收才可能节能和经济；民用建筑中排风与新风的温差或者焓差有限，特别是气候相对温和的地区或者过渡季比较长的地区，随着季节的变化，很多时间还不能回收能量，但风机能耗全年都会增加，因此综合全年，不同地区、不同建筑采用排风热回收并不一定节能，更不一定有好的经济性。

（2）排风热回收的节能效果受众多影响因素制约，并且往往某一因素存在问题对热回收效果的影响都是致命的，比如热回收效率低、风阻大、排风量小等问题，而这些问题在实际应用中普遍存在，这一点在排风热回收应用中必须充分重视并加以解决。

（3）由于运行时间、室内空调参数、能源价格、设备价格等诸多可变因素，很难统一描述某个地区的某类建筑是否适合采用排风热回收技术或采用何种热回收技术。因此我国大多数地区的节能设计标准要求需经过技术经济分析计算来确定排风热回收方案是比较合理的，节能计算的关键点是需要合理考虑以下因素：热回收效率、风阻、排风量、风机效率、室内空调参数、新风机组运行时间、设备类型、设备规模、削减冷热源容量、能源价格、建筑功能。

（4）在合理的计算分析后，确定排风热回收技术节能可行，那么在具体实施环节仍必须保证重要环节，避免某一个因素影响到热回收的节能效果，具体环节因素如下：

1）提高热回收装置效率：

选用热回收装置时控制迎面风速低于 2.5m/s；

系统设计时，保证热回收装置连接、安装方式不影响有效通风面积；

独立于组合式新风机组的热回收装置，必须采用适宜长度的渐扩管、渐缩管与风管连接，保证经过热回收装置时风速均匀；

选用高效设备，避免设备的自身漏风。

2）减小风机能耗：

保证机房通风管道设计合理，保证弯头连接的曲率半径，设置导流叶片，避免使用风速偏高的连接箱，避免风管超过 90°的急转弯，同时控制热回收装置和过滤器的迎面风速低于 2.5m/s，减小风阻；

进行通风系统的详细水力计算，对风机合理选型，保证风机工作在高效区。

3）提高排风量比例：

在空调系统设计时考虑风平衡，可不对所有新风机组进行热回收，考虑卫生间、厨房等不可收集的排风，计算可收集的总排风量，按照排风量与新风量相等的原则，选择部分新风机组设置排风热回收；

通过机组合理设计，避免漏风，选用漏风率低的热回收装置。

4）设计分析：

合理考虑机组运行时间、室内空调控制参数的影响；

通过系统方案设计，优先选用大容量热回收机组；

应考虑热回收装置对冷热源容量的削减。

5）运行维护：

监测过滤器、热回收装置的阻力，及时清洗；

监测运行参数，确定适合的运行控制策略。

8.6 各气候区模拟分析

排风热回收的热交换动力来源于室内外的温度差或者焓差，室内外的温差或者焓差决定了能够回收的能量空间，室内外的温差（焓差）由气象参数和室内的使用状态决定，因此排风热回收系统的节能效果受建筑所在地气象参数影响，也与建筑使用情况有关（空调时间、室内温湿度）。

排风热回收方式可分为显热型和全热型，显热回收方式仅能回收排风中的显热，而全热回收方式不仅能回收排风中的显热，还能回收排风中的潜热，不同的气候区，因为气候特征不同，适用的热回收方式不同。

具体到一个项目，考虑投资因素，不同热回收系统方案的节能效果及经济性如何，是否适宜采用热回收系统、采用何种形式的热回收系统，都是在设计时需要解决的问题，为此需要对不同热回收系统的年节能量、年节省费用、投资费用、投资回收期进行分析，并以此为依据确定热回收系统方案是否可行并进行方案优化选择。

本小节将针对各个气候区典型城市不同类型建筑、不同类型热回收器、不同室内环境要求、不同热回收装置规模的热回收系统分别进行分析，并对是否考虑冷热源容量削减两种情况，分别给出热回收系统的经济性分析。

需要说明的是，本节分析结果，仅适用于以下参数取值情况，实际项目参数偏差大时，不能参考本节计算结果。

（1）全热回收选用转轮热回收装置，显热回收选用热管热回收装置。

（2）转轮全热回收装置的设计热回收效率为 65%；热管显热回收装置的设计热回收效率为 65%。

（3）风机效率按照 70% 计算，热回收器的风阻取 150Pa，因设置热回收器导致的机房接管、过滤器等增加风阻取 150Pa。

（4）排风量取新风量的 90% 计算。

（5）空调系统冷源按照电制冷离心机＋水冷冷却塔考虑，热源按照燃气锅炉考虑，电价和燃气价格均按照当地现行峰谷分时电价执行。排风热回收节省的冷热量分别按照以上系统类型，折算为节约的制冷电耗和制热气耗，然后考虑能源价格换算为节约的费用。

（6）对办公建筑，按照周末空调不运行的模式考虑，因为周末办公楼加班比例不会太大，新风机组开机率低。

（7）对系统设计类型，按照独立式热回收装置考虑，组合式热回收机组与独立式的差别，完全是设备商价格的影响，如需考虑，可另行分析。

（8）模拟的三类建筑，均指其主要房间，办公建筑指办公区，商场指商业店铺，酒店指客房，不包含各类建筑其他配套，诸如餐饮、娱乐、健身、游泳馆等区域的排风热回收则应另行分析。

（9）所分析代表城市的能源价格参见表 8-6。

各城市能源价格 表 8-6

		单位	高峰	平段	低谷
成都	夏季分时电价	元/kWh	1.12494	0.76656	0.40818
	过渡季分时电价	元/kWh	1.2444	0.8462	0.448
	冬季分时电价	元/kWh	1.48332	1.00548	0.52764
	天然气价格	元/Nm³	3.25		
		单位	高峰	平段	低谷
上海	夏季分时电价	元/kWh	1.172	0.719	0.279
	过渡季分时电价	元/kWh	1.137	0.684	0.344
	冬季分时电价	元/kWh	1.137	0.684	0.344
	天然气价格	元/Nm³	2.5		

		单位	全年		
广州	电价	元/kWh	0.9928		
	天然气价格	元/Nm³	4.85		
		单位	高峰	平段	低谷
北京	夏季分时电价	元/kWh	1.2282	0.8345	0.3398
	过渡季分时电价	元/kWh	1.2282	0.7995	0.3928
	冬季分时电价	元/kWh	1.2282	0.7995	0.3928
	天然气价格	元/Nm³	3.23		
		单位	全年		
哈尔滨	电价	元/kWh	0.926		
	天然气价格	元/Nm³	3		
		单位	高峰	平段	低谷
昆明	夏季分时电价	元/kWh	0.888	0.603	0.318
	过渡季分时电价	元/kWh	1.039	0.704	0.369
	冬季分时电价	元/kWh	1.24	0.838	0.436
	天然气价格	元/Nm³	3		

通过模拟得到的各个方案的经济性结论，可以在设计时，按照项目情况直接参考，在一定程度上指导各气候区各类建筑的热回收系统设计。当然，如果实际设计案例的条件与以上模型参数差别很大，或者设备价格、能源价格等因素发生了较大变化，就应该重新对设计方案进行经济性分析，并选用优化的方案。以下是各气候区模拟结果。

8.6.1 夏热冬暖地区——广州

不同设计方案的热回收系统经济性分析结果见表 8-7。

广州不同设计方案热回收系统经济性分析　　　　　　表 8-7

		不设旁通管							
		考虑对冷热源容量的减小				不考虑对冷热源容量的减小			
		全热(转轮)		显热(热管)		全热(转轮)		显热(热管)	
功能	室内参数	静态回收期	动态回收期	静态回收期	动态回收期	静态回收期	动态回收期	静态回收期	动态回收期
办公	夏季:26℃,60% 冬季:20℃,40%	2.6	2.9	—	—	6.5	9.3	—	—
	夏季:25℃,60% 冬季:21℃,40%	1.6	1.6	—	—	4.6	5.8	—	—
	夏季:24℃,60% 冬季:22℃,40%	1	1	—	—	3.6	4.2	—	—
商场	夏季:26℃,60% 冬季:20℃,40%	1.6	1.6	—	—	3.9	4.6	—	—
	夏季:25℃,60% 冬季:21℃,40%	0.9	0.9	—	—	2.8	3.1	—	—
	夏季:24℃,60% 冬季:22℃,40%	0.6	0.6	—	—	2.2	2.3	—	—

（表顶）单机容量 15000m³/h

单机容量 15000m³/h

功能	室内参数	不设旁通管							
		考虑对冷热源容量的减小				不考虑对冷热源容量的减小			
		全热(转轮)		显热(热管)		全热(转轮)		显热(热管)	
		静态回收期	动态回收期	静态回收期	动态回收期	静态回收期	动态回收期	静态回收期	动态回收期
酒店	夏季:26℃,60% 冬季:20℃,40%	1.8	1.8	—	—	5.4	7.1	—	—
	夏季:25℃,60% 冬季:21℃,40%	1	1	—	—	3.5	4	—	—
	夏季:24℃,60% 冬季:22℃,40%	0.6	0.6	—	—	2.5	2.8	—	—

单机容量 6000m³/h

功能	室内参数	不设旁通管							
		考虑对冷热源容量的减小				不考虑对冷热源容量的减小			
		全热(转轮)		显热(热管)		全热(转轮)		显热(热管)	
		静态回收期	动态回收期	静态回收期	动态回收期	静态回收期	动态回收期	静态回收期	动态回收期
办公	夏季:26℃,60% 冬季:20℃,40%	6.3	9	—	—	10.7	—	—	—
	夏季:25℃,60% 冬季:21℃,40%	4	4.8	—	—	7.4	11.7	—	—
	夏季:24℃,60% 冬季:22℃,40%	2.9	3.2	—	—	5.6	7.5	—	—
商场	夏季:26℃,60% 冬季:20℃,40%	3.6	4.2	—	—	6.1	8.5	—	—
	夏季:25℃,60% 冬季:21℃,40%	2.3	2.5	—	—	4.3	5.2	—	—
	夏季:24℃,60% 冬季:22℃,40%	1.7	1.7	—	—	3.3	3.7	—	—
酒店	夏季:26℃,60% 冬季:20℃,40%	4.9	6.1	—	—	9	—	—	—
	夏季:25℃,60% 冬季:21℃,40%	2.8	3.1	—	—	5.5	7.4	—	—
	夏季:24℃,60% 冬季:22℃,40%	1.9	2	—	—	4	4.7	—	—

排风全热热回收系统经济性明显优于显热回收系统。各种方案采用全热回收系统,均能实现较好的经济性。

8.6.2　夏热冬冷地区——成都

不同设计方案的热回收系统经济性分析结果见表 8-8。

成都不同设计方案热回收系统经济性分析　　　　表 8-8

单机容量 15000m³/h

功能	室内参数	不设旁通管							
		考虑对冷热源容量的减小				不考虑对冷热源容量的减小			
		全热(转轮)		显热(热管)		全热(转轮)		显热(热管)	
		静态回收期	动态回收期	静态回收期	动态回收期	静态回收期	动态回收期	静态回收期	动态回收期
办公	夏季:26℃,60% 冬季:20℃,40%	—	—	—	—	—	—	—	—
	夏季:25℃,60% 冬季:21℃,40%	10.6	—	—	—	—	—	—	—
	夏季:24℃,60% 冬季:22℃,40%	6	8.3	—	—	—	—	—	—
商场	夏季:26℃,60% 冬季:20℃,40%	—	—	—	—	—	—	—	—
	夏季:25℃,60% 冬季:21℃,40%	—	—	—	—	—	—	—	—
	夏季:24℃,60% 冬季:22℃,40%	—	—	—	—	—	—	—	—
酒店	夏季:26℃,60% 冬季:20℃,40%	1.9	2	14.7	—	5.1	6.5	—	—
	夏季:25℃,60% 冬季:21℃,40%	1.2	1.2	9.5	—	3.9	4.6	14.8	—
	夏季:24℃,60% 冬季:22℃,40%	0.7	0.7	6.8	10.2	3.1	3.5	11.2	—

单机容量 6000m³/h

功能	室内参数	不设旁通管							
		考虑对冷热源容量的减小				不考虑对冷热源容量的减小			
		全热(转轮)		显热(热管)		全热(转轮)		显热(热管)	
		静态回收期	动态回收期	静态回收期	动态回收期	静态回收期	动态回收期	静态回收期	动态回收期
办公	夏季:26℃,60% 冬季:20℃,40%	—	—	—	—	—	—	—	—
	夏季:25℃,60% 冬季:21℃,40%	—	—	—	—	—	—	—	—
	夏季:24℃,60% 冬季:22℃,40%	—	—	—	—	—	—	—	—
商场	夏季:26℃,60% 冬季:20℃,40%	—	—	—	—	—	—	—	—
	夏季:25℃,60% 冬季:21℃,40%	—	—	—	—	—	—	—	—
	夏季:24℃,60% 冬季:22℃,40%	—	—	—	—	—	—	—	—
酒店	夏季:26℃,60% 冬季:20℃,40%	4.6	5.6	—	—	8	13.5	—	—
	夏季:25℃,60% 冬季:21℃,40%	3.1	3.5	10.1	—	6	8.2	—	—
	夏季:24℃,60% 冬季:22℃,40%	2.2	2.3	7.3	11.4	4.7	5.9	11.7	—

8.6.3 夏热冬冷地区——上海

不同设计方案的热回收系统经济性分析结果见表 8-9。

上海不同设计方案热回收系统经济性分析　　　　　　　　　表 8-9

功能	室内参数	不设旁通管							
		考虑对冷热源容量的减小				不考虑对冷热源容量的减小			
		全热(转轮)		显热(热管)		全热(转轮)		显热(热管)	
		静态回收期	动态回收期	静态回收期	动态回收期	静态回收期	动态回收期	静态回收期	动态回收期
办公	夏季:26℃,60% 冬季:20℃,40%	—	—	—	—	—	—	—	—
	夏季:25℃,60% 冬季:21℃,40%	—	—	—	—	—	—	—	—
	夏季:24℃,60% 冬季:22℃,40%	10.4	—	—	—	—	—	—	—
商场	夏季:26℃,60% 冬季:20℃,40%	—	—	—	—	—	—	—	—
	夏季:25℃,60% 冬季:21℃,40%	—	—	—	—	—	—	—	—
	夏季:24℃,60% 冬季:22℃,40%	4.2	5	—	—	—	—	—	—
酒店	夏季:26℃,60% 冬季:20℃,40%	2.5	2.7	—	—	5.2	6.8	—	—
	夏季:25℃,60% 冬季:21℃,40%	1.8	1.8	—	—	4.1	4.9	—	—
	夏季:24℃,60% 冬季:22℃,40%	1.3	1.3	10.7	—	3.4	3.9	—	—

单机容量 15000m³/h （表头上方）

功能	室内参数	不设旁通管							
		考虑对冷热源容量的减小				不考虑对冷热源容量的减小			
		全热(转轮)		显热(热管)		全热(转轮)		显热(热管)	
		静态回收期	动态回收期	静态回收期	动态回收期	静态回收期	动态回收期	静态回收期	动态回收期
办公	夏季:26℃,60% 冬季:20℃,40%	—	—	—	—	—	—	—	—
	夏季:25℃,60% 冬季:21℃,40%	—	—	—	—	—	—	—	—
	夏季:24℃,60% 冬季:22℃,40%	—	—	—	—	—	—	—	—
商场	夏季:26℃,60% 冬季:20℃,40%	—	—	—	—	—	—	—	—
	夏季:25℃,60% 冬季:21℃,40%	—	—	—	—	—	—	—	—
	夏季:24℃,60% 冬季:22℃,40%	—	—	—	—	—	—	—	—
酒店	夏季:26℃,60% 冬季:20℃,40%	5.1	6.6	—	—	8	13.8	—	—
	夏季:25℃,60% 冬季:21℃,40%	3.8	4.5	—	—	6.3	8.9	—	—
	夏季:24℃,60% 冬季:22℃,40%	3	3.3	—	—	5.1	6.6	—	—

（单机容量 6000m³/h）

8.6.4 寒冷地区——北京

不同设计方案的热回收系统经济性分析结果见表 8-10。

北京不同设计方案热回收系统经济性分析　　　　　　表 8-10

单机容量 15000m³/h

功能	室内参数	不设旁通管							
		考虑对冷热源容量的减小				不考虑对冷热源容量的减小			
		全热(转轮)		显热(热管)		全热(转轮)		显热(热管)	
		静态回收期	动态回收期	静态回收期	动态回收期	静态回收期	动态回收期	静态回收期	动态回收期
办公	夏季:26℃,60% 冬季:20℃,40%	—	—	—	—	—	—	—	—
	夏季:25℃,60% 冬季:21℃,40%	—	—	—	—	—	—	—	—
	夏季:24℃,60% 冬季:22℃,40%	0	0	—	—	—	—	—	—
商场	夏季:26℃,60% 冬季:20℃,40%	—	—	—	—	—	—	—	—
	夏季:25℃,60% 冬季:21℃,40%	—	—	—	—	—	—	—	—
	夏季:24℃,60% 冬季:22℃,40%	0	0	—	—	—	—	—	—
酒店	夏季:26℃,60% 冬季:20℃,40%	0.5	0.5	1.2	1.2	1.5	1.5	2.5	2.7
	夏季:25℃,60% 冬季:21℃,40%	0.4	0.3	1.1	1.1	1.4	1.4	2.3	2.5
	夏季:24℃,60% 冬季:22℃,40%	0.2	0.2	0.9	0.9	1.2	1.3	2.2	2.3

单机容量 6000m³/h

功能	室内参数	不设旁通管							
		考虑对冷热源容量的减小				不考虑对冷热源容量的减小			
		全热(转轮)		显热(热管)		全热(转轮)		显热(热管)	
		静态回收期	动态回收期	静态回收期	动态回收期	静态回收期	动态回收期	静态回收期	动态回收期
办公	夏季:26℃,60% 冬季:20℃,40%	—	—	—	—	—	—	—	—
	夏季:25℃,60% 冬季:21℃,40%	—	—	—	—	—	—	—	—
	夏季:24℃,60% 冬季:22℃,40%	—	—	—	—	—	—	—	—
商场	夏季:26℃,60% 冬季:20℃,40%	—	—	—	—	—	—	—	—
	夏季:25℃,60% 冬季:21℃,40%	—	—	—	—	—	—	—	—
	夏季:24℃,60% 冬季:22℃,40%	—	—	—	—	—	—	—	—
酒店	夏季:26℃,60% 冬季:20℃,40%	1.3	1.4	1.4	1.4	2.4	2.6	2.7	2.9
	夏季:25℃,60% 冬季:21℃,40%	1.2	1.2	1.2	1.3	2.2	2.4	2.5	2.7
	夏季:24℃,60% 冬季:22℃,40%	1	1	1.1	1.1	2	2.2	2.4	2.6

8.6.5　严寒地区——哈尔滨

不同设计方案的热回收系统经济性分析结果见表 8-11。

哈尔滨不同设计方案热回收系统经济性分析　　　　　　　　　　表 8-11

单机容量 15000m³/h

功能	室内参数	不设旁通管							
		考虑对冷热源容量的减小				不考虑对冷热源容量的减小			
		全热(转轮)		显热(热管)		全热(转轮)		显热(热管)	
		静态回收期	动态回收期	静态回收期	动态回收期	静态回收期	动态回收期	静态回收期	动态回收期
办公	夏季:26℃,60% 冬季:20℃,40%	0	0	2.5	2.7	5.9	8	8.8	—
	夏季:25℃,60% 冬季:21℃,40%	0	0	2.2	2.3	5.5	7.2	8.4	—
	夏季:24℃,60% 冬季:22℃,40%	0	0	1.8	1.9	5.1	6.5	8.1	13.9
商场	夏季:26℃,60% 冬季:20℃,40%	0	0	0.7	0.7	2.2	2.4	2.5	2.7
	夏季:25℃,60% 冬季:21℃,40%	0	0	0.6	0.6	2.2	2.3	2.4	2.6
	夏季:24℃,60% 冬季:22℃,40%	0	0	0.5	0.5	2.1	2.2	2.4	2.6
酒店	夏季:26℃,60% 冬季:20℃,40%	0.1	0.1	0.3	0.3	0.9	0.9	1.2	1.2
	夏季:25℃,60% 冬季:21℃,40%	0	0	0.3	0.3	0.8	0.8	1.1	1.1
	夏季:24℃,60% 冬季:22℃,40%	0	0	0.3	0.3	0.8	0.8	1.1	1.1

单机容量 6000m³/h

功能	室内参数	不设旁通管							
		考虑对冷热源容量的减小				不考虑对冷热源容量的减小			
		全热(转轮)		显热(热管)		全热(转轮)		显热(热管)	
		静态回收期	动态回收期	静态回收期	动态回收期	静态回收期	动态回收期	静态回收期	动态回收期
办公	夏季:26℃,60% 冬季:20℃,40%	2.7	3	2.9	3.2	9.1	—	9.2	—
	夏季:25℃,60% 冬季:21℃,40%	2.1	2.2	2.5	2.7	8.4	—	8.8	—
	夏季:24℃,60% 冬季:22℃,40%	1.5	1.5	2.1	2.3	7.8	12.9	8.4	—
商场	夏季:26℃,60% 冬季:20℃,40%	1	1	0.7	0.7	3.4	3.8	2.6	2.8
	夏季:25℃,60% 冬季:21℃,40%	0.8	0.8	0.7	0.7	3.3	3.7	2.5	2.8
	夏季:24℃,60% 冬季:22℃,40%	0.6	0.6	0.6	0.6	3.2	3.6	2.5	2.7
酒店	夏季:26℃,60% 冬季:20℃,40%	0.5	0.5	0.4	0.4	1.3	1.3	1.2	1.2
	夏季:25℃,60% 冬季:21℃,40%	0.4	0.4	0.3	0.3	1.2	1.2	1.2	1.2
	夏季:24℃,60% 冬季:22℃,40%	0.3	0.3	0.3	0.3	1.2	1.2	1.1	1.1

8.6.6 温和地区——昆明

不同设计方案的热回收系统经济性分析结果见表 8-12。

昆明不同设计方案热回收系统经济性分析　　　　表 8-12

功能	室内参数	单机容量 15000m³/h							
		不设旁通管							
		考虑对冷热源容量的减小				不考虑对冷热源容量的减小			
		全热(转轮)		显热(热管)		全热(转轮)		显热(热管)	
		静态回收期	动态回收期	静态回收期	动态回收期	静态回收期	动态回收期	静态回收期	动态回收期
办公	夏季:26℃,60% 冬季:20℃,40%	—	—	—	—	—	—	—	—
	夏季:25℃,60% 冬季:21℃,40%	—	—	—	—	—	—	—	—
	夏季:24℃,60% 冬季:22℃,40%	—	—	—	—	—	—	—	—
商场	夏季:26℃,60% 冬季:20℃,40%	—	—	—	—	—	—	—	—
	夏季:25℃,60% 冬季:21℃,40%	—	—	—	—	—	—	—	—
	夏季:24℃,60% 冬季:22℃,40%	—	—	—	—	—	—	—	—
酒店	夏季:26℃,60% 冬季:20℃,40%	—	—	—	—	—	—	—	—
	夏季:25℃,60% 冬季:21℃,40%	—	—	—	—	—	—	—	—
	夏季:24℃,60% 冬季:22℃,40%	—	—	—	—	—	—	—	—

功能	室内参数	单机容量 6000m³/h							
		不设旁通管							
		考虑对冷热源容量的减小				不考虑对冷热源容量的减小			
		全热(转轮)		显热(热管)		全热(转轮)		显热(热管)	
		静态回收期	动态回收期	静态回收期	动态回收期	静态回收期	动态回收期	静态回收期	动态回收期
办公	夏季:26℃,60% 冬季:20℃,40%	—	—	—	—	—	—	—	—
	夏季:25℃,60% 冬季:21℃,40%	—	—	—	—	—	—	—	—
	夏季:24℃,60% 冬季:22℃,40%	—	—	—	—	—	—	—	—
商场	夏季:26℃,60% 冬季:20℃,40%	—	—	—	—	—	—	—	—
	夏季:25℃,60% 冬季:21℃,40%	—	—	—	—	—	—	—	—
	夏季:24℃,60% 冬季:22℃,40%	—	—	—	—	—	—	—	—
酒店	夏季:26℃,60% 冬季:20℃,40%	—	—	—	—	—	—	—	—
	夏季:25℃,60% 冬季:21℃,40%	—	—	—	—	—	—	—	—
	夏季:24℃,60% 冬季:22℃,40%	—	—	—	—	—	—	—	—

从以上昆明地区排风热回收系统分析表可见,排风热回收系统无法回收初投资。对昆明地区,不应设计排风热回收系统。另外,当地的建筑节能设计标准,对是否设置排风热回收装置没有要求。

8.7　研　究　结　论

排风热回收是减小新风处理能耗的重要手段，空调系统方案设计时应考虑利用排风热回收设施降低处理新风的能耗。

排风热回收技术适用范围有限，受气候、建筑功能、使用情况、能源价格、设备价格等众多因素影响，不应盲目采用，也不应盲目选择某种热回收方案，应针对项目情况进行技术经济性分析，合理确定是否采用热回收技术及采用哪种热回收技术。进行技术经济分析，计算排风热回收系统节能量时需要合理考虑以下因素：热回收效率、风阻、排风量、风机效率、室内空调参数、新风机组运行时间、设备类型、设备规模、削减冷热源容量、能源价格、建筑功能。

需要说明的是，本章节所计算的结论，其分析基于以下模型，如具体项目情况与之有较大差别，则应另行分析。

（1）全热回收选用转轮热回收装置，显热回收选用热管热回收装置。

（2）转轮全热回收装置的设计热回收效率为 65%；热管显热回收装置的设计热回收效率为 65%。

（3）风机效率按照 70% 计算，热回收器的风阻取 150Pa，因设置热回收器导致的机房接管过滤器影响增加管道风阻取 150Pa。

（4）排风量取新风量的 90% 计算。

（5）空调系统冷源按照电制冷离心机＋水冷冷却塔考虑，热源按照燃气锅炉考虑，电价和燃气价格均按照当地现行峰谷分时电价执行。排风热回收省的冷热量分别按照以上系统类型，折算为节约的制冷电耗和制热气耗，然后考虑能源价格换算为节约的费用。

（6）对办公建筑，按照周末空调不运行的模式考虑，因为周末办公楼加班比例不会太大，新风机组开机率低。

（7）对系统设计类型，按照独立式热回收装置考虑，组合式热回收机组与独立式的差别，完全是设备商价格的影响，如需考虑，可另行分析。

（8）各类建筑，均指其主要房间，办公建筑指办公区，商场指商业店铺，酒店指客房，不包含各类建筑其他配套，诸如餐饮、娱乐、健身、游泳馆等区域的排风热回收则应另行分析。

通过以上模型得到的各气候区典型城市各个方案的经济性结论见 8.6 节，在设计时，对以上典型城市可以按照项目情况直接参考；对各气候区的其他城市，如能源价格、设备价格与本区域模拟的城市差别不大，可直接参考本专题分析结论。但需要注意的是，若出现以下状况时，则不能直接引用本专题数据表，应该重新对设计方案进行经济性分析，并选用优化的方案。

（1）项目所在地设备价格、能源价格与本专题所选城市差别较大时。

（2）设备价格、能源价格发生了较大变化。

（3）同一气候区，有些地区与典型城市的气候差异很大时，以是否处于各气候区过渡地带判断。

第 9 章　太阳能综合利用技术讨论

9.1　背景与意义

太阳能指太阳辐射能，源自太阳内部的核聚变，其中有大约 1.73×10^{17} W 的能量辐射到地球大气层。这其中又有 47% 的能量被大气层和地表面吸收，30% 被大气层反射，剩余的 23% 辐射到地球表层。太阳能作为一种丰富、清洁和可再生的能源，它的开发利用对缓解能源危机、保护生态环境和保证经济的可持续发展意义重大。

太阳能作为可再生能源，将太阳能利用与建筑使用功能需求有机结合，实现太阳能高效利用能够有效降低建筑能耗在社会总能耗中的比例。我国自 2008 年 10 月 1 日起施行的《民用建筑节能条例》提出"在具备太阳能利用条件的地区，有关地方人民政府及其部门应当采取有效措施，鼓励和扶持单位、个人安装使用太阳能热水系统、照明系统、供热系统、采暖制冷系统等太阳能利用系统"。截至目前，全国有超过 20 个省、市、地区在政策上要求新建建筑强制安装太阳能利用系统。

由于太阳能自身能量密度低及具有间歇性等特点，导致太阳能利用系统的初投资往往相对较高。那么项目在规划设计阶段，根据当地气候条件、项目的实际情况、不同太阳能利用系统形式的特点等对太阳能系统进行科学的分析显得尤为重要。太阳能利用系统的实际运行效果怎么样？如何在规划设计阶段相对准确的预测太阳能利用系统的运行收益？本章通过理论计算结合实测数据，对太阳能利用系统投资收益进行分析。本章侧重于介绍分析方法，而不是针对某一个特定系统计算得到的相关结论。

9.2　太阳能光热利用分析

太阳能光热利用系统包括：太阳能供热水、太阳能供暖和太阳能制冷。三种系统中太阳能热水系统最为成熟，应用也最为广泛。由于（1）太阳能采暖和制冷系统的使用往往受到空调季和采暖季的限制；（2）相较于太阳能热水系统，太阳能采暖和制冷系统在太阳能保证率满足一定比例要求的前提下的同时保障冷量和热量的持续供应。太阳能采暖和制冷系统的初投资较高且投资回收期较长。统计国内太阳能光热利用的示范项目，太阳能热水的比例占到了 84%。太阳能光热利用系统在太阳能收集和储存装置部分，是基本一致的，区别主要在于收集到的太阳能热量如何利用。本节以太阳能热水系统作为重点分析对象。

9.2.1　系统简介

常规的太阳能热水系统主要由四类部件组成：集热器、循环系统、控制系统及储热系统。

（1）集热器

太阳能集热器是把太阳辐射能转换为热能的主要部件。集热器目前常见的主要有两大类：平板式集热器，真空管式集热器。

平板式集热器由吸热板芯、壳体、盖板、保温材料组成，如图 9-1 所示。附有吸热涂层的吸热板芯吸收太阳辐射，然后板芯流道中的流体带走热量。板芯前部为玻璃盖板、背部为保温材料，尽可能减少板对环境的散热。平板式集热器热损失相对较

图 9-1　平板式集热器

大，抗冻能力差，但其结构可承压，质量稳定可靠，寿命相对较长。

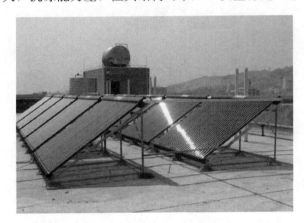

图 9-2　真空管式集热器

真空管式集热器由外玻璃管、吸热管、联集体等组成，见图 9-2。从真空管集热器与平板型集热器的结构特点可以看到真空管集热器的外玻璃管就相当于平板集热器的透明玻璃盖板及背板，吸热管就相当于平板集热器的吸热板芯。外管与内管中为真空夹层，极大地减少了热损失，而且圆柱形的吸热面也能够接收到多个角度的辐射得热。所以真空管集热器具有一定的抗冻性能且平均日效率也可以和平板型集热器媲美。根据吸热体的不同可以分为全玻璃真空管、玻璃-金属式真空管、热管式真空管。这些产品均是基于全玻璃真空管的改进型产品，其原理基本一致，不再一一介绍。

（2）循环系统

循环系统的作用是连通集热器和储热水箱，使水可不断通过集热器进行加热形成一个完整的加热系统。按照系统运行方式可以分为：自然循环系统、强制循环系统、直流式系统。

自然循环系统对用于家用太阳能热水器和小型太阳能热水系统，如图 9-3 所示。自然循环系统的水在集热器中被加热，温度升高后与水箱中冷水产生密度差，热水由循环管路进入水箱上层，水箱下层的冷水由循环管路进入集热器。整个循环无需动力装置。设计使用中要

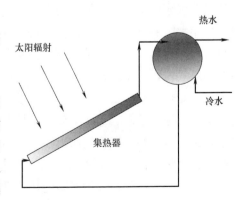

图 9-3　自然循环热水系统

注意三点：1）自然循环系统的原理决定了储热水箱必须位于集热器的上方。2）自然循环系统一般采用直接式系统，即集热器中的吸热流体为自来水，若自来水水质处理不到位，则会导致集热器内部结垢，集热器效率下降等问题。3）集热器、循环管路及水箱冬季保温问题。

强制循环系统多用于大型或中型太阳能热水系统，如图 9-4 所示。强制循环通过水泵来控制循环系统中的载热流体流动。通常是通过集热器顶部温度与水箱底部的温度差来控制是否启动循环装置。由于循环动力主要依靠水泵，所以水箱位置的设置没有特殊的要求。可以设计为采用防冻循环液的间接式系统，水不参与室外部分的循环。集热器不会因为内部结垢而导致效率下降且集热器和循环管路冬季也不宜结冰。

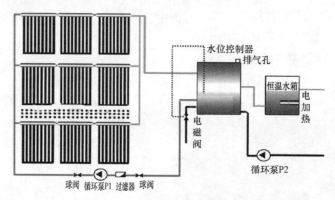

图 9-4　强制循环热水系统

（3）控制系统

控制系统用来使整个热水器系统正常工作并通过仪表加以显示。控制系统是能否正常高效运行的关键因素之一。温差循环的启停控制、防冻循环的启停控制、自动补水控制、辅助热源系统的启停控制，任何一个环节出现问题都可能导致太阳能热水系统的瘫痪。

（4）辅助能源系统

辅助能源系统保证了整个系统在阴雨天或冬季光照度不足时仍能正常使用。常见的辅助热源系统按照热源类型的不同可以分为电辅助热源系统、燃气燃油辅助热源系统或者空气源热泵式辅助热源系统。电辅助热源与系统在阴雨天等太阳能不足的情况下，产水量与电加热功率成正比，而电加热功率又往往受到用电负荷的限制。燃气燃油辅助热源系统能够在全年太阳能不足的时候提供稳定的热量，满足用户生活热水的需求。空气源热泵式辅助热源系统相对于电加热系统更加节能高效，但是在冬季室外温度较低的时候，系统运行效率相对较低，且系统初投资较高。

（5）储热系统

水箱及保温设施。储热水箱将集热器加热后的热水进行储存。储热系统根据太阳能热水系统集热与供水范围不同而不同。例如分散供热水式太阳能热水系统通常设置单个储热水箱，根据集热器工质采用间接式还是直接式，储热水箱选择开式水箱或者闭式承压水箱。集中集热分户储热式的太阳能热水系统，将储热水箱分户放置，分户控制，满足不同用户的使用需求。由于储热器置于每户中，减少了屋面或者地下室面积的占用，同时也降低了水箱部分的初投资。集中集热集中储热式的太阳能热水系统多采用双水箱系统。一个储热水箱,储存集热器收集到的热量,一个恒温水箱,为用户提供稳定的生活热水。

9.2.2 计算模型

以某项目的太阳能热水系统为基础计算模型,项目设置了一个典型集中式太阳能热水系统,集热器面积 576m², 储热水箱 35m³, 容积式换热器均为 7.2m³, 热水需求 46.8m³/天。其系统原理图如图 9-5 所示。

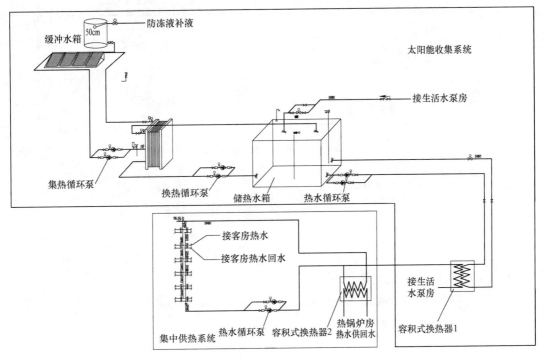

图 9-5 集中式太阳能热水系统原理图

将整个集中式太阳能热水系统分为两个部分:集中供热系统和太阳能收集系统。集中供热系统侧的设计和常规的燃气锅炉集中供热系统区别不大,一般为了保证集中供热系统的全年正常运行,系统的容量选型是按照没有太阳能收集系统设计。考虑到冬季防冻,太阳能收集系统采用间接式换热系统,载热介质为某种防冻液。太阳能集热器收集到的热量通过板式换热器传递给蓄热水箱。考虑到集中供热系统末端压力平衡,为确保冷热水同源,太阳能收集系统产生的热水不作为集中供热系统的水源,通过容积式换热器 1 对冷水进行预热。

由于一些参数的获取比较困难或者为极大地增加计算的难度,在对计算结果影响不大的前提下,做出以下假设简化计算:1)板式换热器和容积式换热器处的热量损失忽略不计;2)集热器中热水与储热水箱中的热水水温度相同;3)补水的冷水温度为定值;4)室内的年平均温度为 18℃;5)不考虑循环泵运行对水温的影响。

太阳能热水系统的能流如图 9-6 所示。我们希望通过计算得到容积式换热器对自来水预热的预热热量 $Q9$,这是通过太阳能收集系统收集到的有效的太阳能。

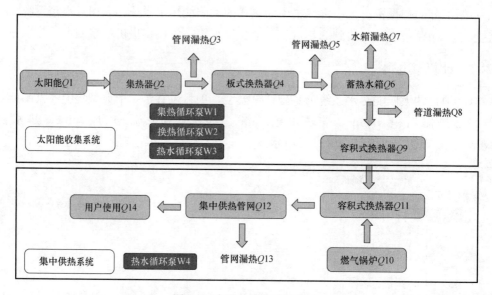

图 9-6 太阳能热水系统能流

对于太阳能集热器有：

$$Q_2 = Q1 \times \eta \tag{9-1}$$

$$\eta = \eta_0 + UT^* \tag{9-2}$$

$$T^* = \frac{(T_i - T_a)}{G} \tag{9-3}$$

式中　η_0——$T^* = 0$ 时的集热器效率；

　　　U——以 T^* 为参考的集热器总热损失，$W/(m^2 \cdot K)$，T^* 为归一化温差，$(m^2 \cdot K)/W$；

　　　T_i——集热器内工质温度，K；

　　　T_a——环境温度，K；

　　　G——辐照度，W/m^2。

对于管道和水箱有：

$$Q_n = 3600A \frac{(t_i - t_a)_n}{\dfrac{D_i}{2\lambda} \ln \dfrac{D_0}{D_i} + \dfrac{1}{a_0}} \tag{9-4}$$

$$Q_n = 3600A \frac{(t_i - t_a)_n}{\dfrac{\delta}{\lambda} + \dfrac{1}{a_0}} \tag{9-5}$$

式中　A——管网或贮热水箱的表面积，m^2；

　　　t_a——保温结构周围环境的空气温度，℃；

　　　t_i——设备及管道外壁温，金属管道通常取介质温度，℃；

　　　D_0——管道外径，m；

　　　D_i——管道内径，m；

　　　λ——保温材料的导热系数，$W/(m^2 \cdot ℃)$；

　　　δ——水箱保温层壁厚，m；

a_0——表面放热系数，$W/(m^2 \cdot ℃)$。

$$Q_{vn} = Q_{vn-1} + Q2_{n-1} - Q3_{n-1} - Q5_{n-1} - Q7_{n-1} - Q8_{n-1} - Q9_{n-1} \tag{9-6}$$

$$t_i = \frac{Q_{vn}}{c_w V} \tag{9-7}$$

式中　Q_{vn}——第 n 小时水箱的总蓄热量，J；

　　　V——水箱有效容积，L；

　　　c_w——水的比热容，$J/(kg \cdot ℃)$。

9.2.3　典型城市计算结果

通过计算分析，在设计合理，设备运转正常的前提下，全国几个典型城市每平方米集热器太阳能热水系统的计算结果见表 9-1。

典型城市太阳能热水系统　　　　　　　　　　　　表 9-1

	单位	哈尔滨	北京	上海	成都	广州	昆明	拉萨
节约热量	kWh	699.0	754.4	596.7	375.0	507.6	741.9	1069.4
节约热量等效天然气用量	m^3	83.2	89.8	71.0	44.6	60.4	88.3	127.3
太阳能热水系统管网漏热量	kWh	21.8	30.5	30.2	18.7	32.5	40.5	51.2
储热水箱漏热量	kWh	3.1	4.1	4.0	2.5	4.2	5.2	6.7
集中供热系统管网漏热量	kWh	155.8	162.0	130.6	94.1	116.5	156.9	222.5
水泵功耗	kWh	26.7	28.2	22.2	15.4	19.8	25.8	39.2
每平方米集热器年收益	元	296.1	268.8	252.5	116.1	278.1	289.7	538.2

9.2.4　计算结果验证

为了验证计算模型的准确性，将计算结果与几个工程项目的实测结果进行了对比验证，具体见表 9-2。计算结果中，广州某别墅由于实测太阳能集热效率在 11%-16% 之间，所以集热器效率与其理论值差距较大。常熟和深圳两个项目的实测结果与计算结果的误差较小在 10% 以内，这个计算误差是可以接受的。

太阳能热水系统实测结果与计算结果比较　　　　　表 9-2

工程基本信息	系统概况			实测结果		计算结果	
	安装部位	组件类型	安装面积/测试面积	全年累计得热（MJ）	每平方米集热器得热(MJ)	每平方米集热器得热(MJ)	计算误差
常熟某工厂	屋顶	真空管集热器	7460m^2	12653353	1850	1715.5	7.3%
广州某别墅	屋顶	平板集热器	4m^2/户	638.4(3~6月)	159.6(3~6月)	499.7	213%
深圳某经济适用房	屋顶	平板型集热器	1440m^2（测试面积190m^2)	423381.8	2228.3	2004.4	10%

9.2.5　计算结果分析

不同于常规的年平均值计算法而是逐日计算法。通过全年逐时动态模拟计算，我们可以计算得到逐时的集热器得热量、管道漏热量、水箱漏热量等参数。全年逐时动态模拟计算方法能够模拟更真实的系统运行状态，反映太阳能资源、气象参数、收集装置的种类、所处位置、安装方式、辅助热源形式、系统的各种损失、额外的功耗等因素对系统运行效率的影响，可以帮助我们分析设计和运行中太阳能热水系统可能出现的一些问题。为设计优化提供合理的建议。计算模型介绍的典型集中式太阳能热水系统为例，分析相关参数对系统收益的影响。

（1）集热器效率

集热器的瞬时效率可以通过截距效率 η_0 和集热器总热损失系数 U 确定。η_0 越高表明集热器在没有热量损失的时候效率越高，而 U 越高表明集热器在相同的介质温度和环境温度的条件下，漏热越大。计算分析了哈尔滨地区不同的 η_0 和 U 的取值对太阳能热水系统收益的影响，如图 9-7 所示。计算结果表明对 η_0 和 U 计算结果的影响较大，设计及采购阶段应尽可能选择 η_0 大而 U 小的集热器。

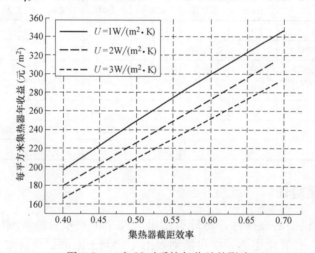

图 9-7　η_0 和 U 对系统年收益的影响

运行过程中，集热器表面积灰会（见图 9-8）和集热器内部结垢都会导致集热器截距效率 η_0 降低，而真空管破损或者平板集热器保温层破损（见图 9-9）则会导致总热损失系

图 9-8　集热器表面积灰

图 9-9　真空管破损

数 U 增大,从而导致集热器效率下降。为了确保太阳能热水系统能够获得稳定的年收益,需要对集热器进行定期的维护保养。

（2）太阳能保证率

太阳能保证率是指来自太阳能收集系统的有效得热量与供暖系统所需热负荷的比值。相同的热水负荷,设计太阳能保证率越高,则应设置的太阳能集热器面积越大。

调研了 21 个项目太阳能保证率,平均太阳能保证率为 53.7%。其中,最高的太阳能保证率为 78%,最低的太阳能保证率为 25%。中国建筑科学研究院测试的 15 个太阳能光热利用工程的平均太阳能保证率为 68.7%,最高的太阳能保证率为 93%,最低的太阳能保证率为 47%。

增大设计太阳能保证率不仅仅需要增加太阳能热水系统的初投资,同时会导致整个管网和储热水箱年平均水温上升。管网和储热水箱的年平均水温上升则会导致集热器效率下降,系统漏热增加。系统总年收益虽然有所增加,但是在初投资增加的同时,系统每平方米集

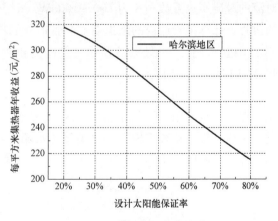

图 9-10　设计太阳能保证率对系统经济性的影响

热器的年收益随之下降如图 9-10 所示。设计中应谨慎考虑设计太阳能保证率的取值,综合平衡总收益与每平方米投资收益比。

（3）管道及水箱保温设计

管道保温效果由保温材料的种类和保温材料的厚度决定的。那么保温层厚度到底设计多少是经济的? 后期运行过程中保温材料的破损对于系统运行效率有多大的影响? 以常见的橡塑保温材料为例,其导热系数为 $0.043\text{W}/(\text{m}^2 \cdot \text{K})$。通过计算不同保温层厚度,考察管道外保温对系统经济性产生的影响。

由于项目的储热水箱体积较大，蓄热能力好，整个太阳能收集系统管网的年平均温度仅在 27℃ 左右，由图 9-11 管道保温层厚度对太阳能收集系统的影响较小。当保温层厚度大于 20mm 后，每平方米集热器年收益的增速明显放缓。

集中供热系统的管网长度较长且出于杀菌的考虑容积式换热器出口水温不得低于 60℃（按 60℃ 计算），管道保温层的厚度对集中供热水系统的影响较大，如图 9-12 所示。所以热水管道保温材料和保温层厚度需根据整个集中供热水系统的经济性确定。

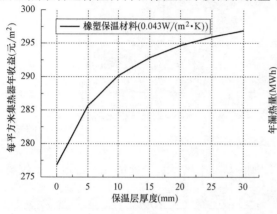

图 9-11　管道保温层厚度对太阳能热水
　　　　　系统经济性的影响

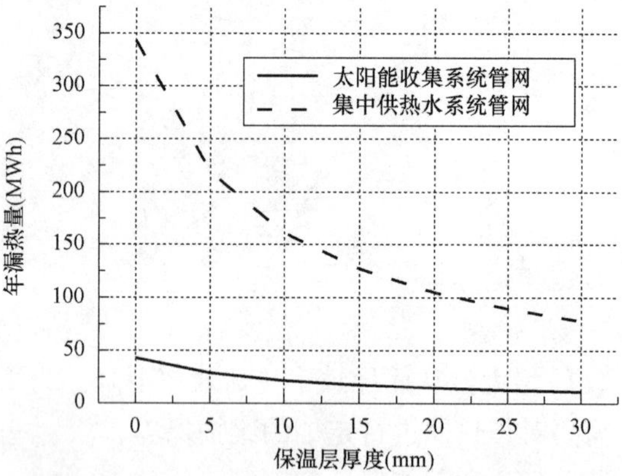

图 9-12　管道保温层厚度对系统漏热的影响

计算中管道外的自然对流的对流换热系数一般为 $5 \sim 25$ W/(m²·K)，管道内的强迫对流的对流换热系数一般为 $200 \sim 1000$ W/(m²·K)。这两个值的确定却是一个非常复杂的过程，计算中管道内的强迫对流和管道外的自然对流的对流换热系数可以在合理范围内取定值进行计算。如图 9-13 所示，气体侧和液体侧的对流换热系数对每平方米太阳能集热器的年收益影响小于 1%。

储热水箱外保温对太阳能热水系统的影响可以采用与管道外保温类似的分析方法。水箱外保温材料常用聚氨酯导热系数为 0.023W/(m²·K)。储热水箱保温仅是对生活热水进行预热，且水箱容积较大，整个储热水箱的年平均温度较低为 26.7℃，哈尔滨的年平均室外干球温度为 12.6℃。如图 9-14 对于该项目，水箱保温层厚度大于 40mm 后，再增

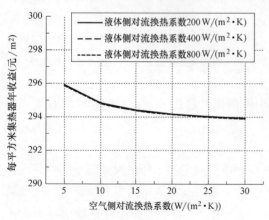

图 9-13　对流换热系数取值对系统收益影响

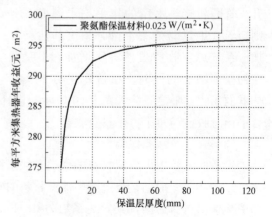

图 9-14　储热水箱保温层厚度对系统经济性的影响

大保温层厚度，对系统年收益的影响较小。

（4）用水规律与水箱容积

储热水箱容积的确定应该综合考虑集热器产热量和末端用水负荷。以单位集热器面积与水箱容积比作为衡量指标。缩小单位集热器面积与水箱容积比会导致水箱平均温度上升，集热器的效率下降，系统漏热增加。

不同时刻的用水负荷的确定是非常困难的，因为各地气候不同、风俗习惯和生活习惯不同等原因都可能导致用水规律的变化。图 9-15 给出了不同末端的不同用水规律。四种用水规律对太阳能系统收益的影响，计算结果见图 9-16。用水时间与太阳辐射强度出现最大值的时间越接近，系统收益越高。水箱容积与集热器面积的比越大，用水规律对系统的影响越小。当水箱容积与集热器面积的比大于 $60L/m^2$ 时，太阳能热水系统受用水规律的影响较小，且继续增大水箱容积产生收益较小。

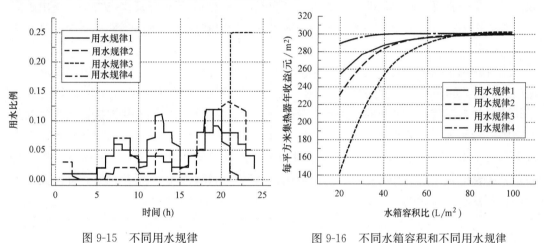

图 9-15　不同用水规律　　　　　　　　图 9-16　不同水箱容积和不同用水规律

9.3　太阳能光电利用分析

太阳能光电利用与建筑结合较为紧密的方式是太阳能光伏发电系统。光伏发电根据光生伏特效应原理，将太阳能不通过热能直接转化为电能。光伏发电系统是系统中无运动部件，运行过程无资源、能源消耗，亦无噪声、废水、废气、废渣的排放，同时后期系统维护的工作量也非常小。这些优点使太阳能光伏发电发展迅猛。2007 年以来，太阳能电池产量的增长率均维持在 50% 以上，2010 年，全球太阳能电池产量达到 27GW，比 2009 年增长 118%。

9.3.1　系统简介

太阳能光伏发电系统按照是否并网可以分为独立光伏系统和并网光伏系统。

独立光伏发电系统又可以分为直流负载独立系统和交流负载独立系统，如图 9-17 所示。直流负载独立系统通常负载功率较小，系统结构简单，根据用电负载对于电力供应稳定性及用电时段确定是否需要设置蓄电池。常见用于 PV 路灯、PV 水泵及一些白天临时

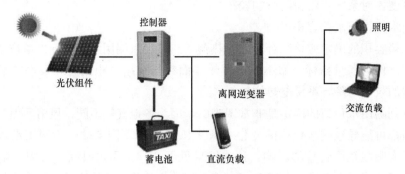

图 9-17 独立光伏发电系统

使用的特殊用电设备。也有用于家庭小型直流设备例如直流灯具等的电力供应。交流负载独立系统是在直流系统的基础上增加相应的逆变设备，为交流负载提供电力供应。由于交流负载的用电载荷通常相对较大，所以一般来讲交流负载独立系统的规模也要大于直流负载独立系统。

交流并网系统是指通过逆变器将光伏列阵产生的直流电转换为符合市电电网要求的交流电之后接入市政电网，如图 9-18 所示。通过控制器实现光伏列阵产生的电力优先满足系统连接的交流负载，多余的电力并入市政电网。因为系统与电网直接连接，当光伏列阵在夜晚或者阴雨天，没有产生电量或产生电量无法满足交流负载的需求的时候，可以由市政电网直接供电。由于系统运行过程中没有蓄电池蓄电与放电的环节，系统损失相对较小，系统发电效率高。并网发电系统的应用比例逐年增长，在欧洲发达国家，并网光伏系统的比例甚至超过 90%。

图 9-18 交流并网系统

常见的太阳能光伏发电系统主要由四类部件组成：太阳能光伏电池板（组件）、逆变器、控制系统、蓄电池。

太阳能光伏电池板是将太阳能转化为电能的装置，太阳能电池串联或者并联组成的系统称为光伏电池组件。常用的太阳能光伏电池板主要有三种：单晶硅电池、多晶硅电池、非晶硅电池。

晶硅电池作为光伏电池的主导产品，在国内市场份额占到了 90％左右，如图 9-19 所示。从工业化发展来看，重心已由单晶向多晶方向发展，主要原因为：1）可供应太阳能电池的头尾料愈来愈少；2）对太阳能电池来讲，方形基片更合算，通过浇铸法和直接凝固法所获得的多晶硅可直接获得方形材料；3）多晶硅的生产工艺不断取得进展；4）由于近十年单晶硅工艺的研究与发展很快，其工艺也被应用于多晶硅电池的生产。光伏组件一般由钢化玻璃、电池片、EVA、电池片背板组成。钢化玻璃覆盖在电池片的最外层，用于保护电池片，钢化玻璃的透过率对于光伏组件的效率有直接影响。EVA 是用来粘结钢化玻璃及电池片，EVA 为透明材质，若暴露在空气中容易氧化发黄，导致太阳辐射透过率降低，组件效率衰减。电池片是整个光伏组件的核心原件，一般为晶硅太阳能电池，将辐射能转化为电能。电池片背板，一般起到密封、绝缘等作用。

图 9-19　晶硅电池

立面由于建筑一体化、幕墙透视、结构强度要求等原因，可能需采用非晶硅薄膜太阳能电池组，如图 9-20 所示。它于 20 世纪 70 年代中期才开始问世，但进展速度令人惊奇。世界上普遍认为，它将是人们最理想的一种廉价太阳电池。其光电效率会随着光照时间的延续而衰减，即所谓的光致衰退 SW 效应，使得电池性能不稳定。解决这些问题的途径就是制备叠层太阳能电池，叠层太阳能电池是由在制备的 PIN 层单结太阳能电池上再沉积一个或多个 PIN 子电池制得的。

图 9-20　薄膜电池

逆变器是将光伏列阵产生的直流电转化为交流电的装置，由逆变桥、控制逻辑和滤波电路组成。根据逆变器的功能不同可以分为独立控制逆变器和并网逆变器。独立控制逆变器相当于一个电压源，为独立的小电网提供稳定的电压，并网逆变器相当于一个电流源，跟踪电网的电压频率，将电能送到电网上。

控制系统主要功能是：1）避免蓄电池过充电、过放电，延长蓄电池寿命。由于太阳能的不稳定性，需要通过控制器为蓄电池提供最佳的充电电流和电压。2）并网系统当电网失电时，在规定时限内将光伏系统与电网断开，防止孤岛效应。

蓄电池是光伏发电系统的储能装置。光伏发电系统蓄电池的基本要求为：自放电率低，寿命长、充电效率高、价格低、使用方便。常见的光伏发电系统用的蓄电池有镍氢、镍镉电池和铅酸蓄电池，铅酸蓄电池由于价格低、规格全在光伏发电系统中应用的较为广泛。

9.3.2　计算模型

光伏发电系统的收益计算相对简单。由于并网发电系统是光伏发电系统的未来趋势，以并网发电系统为例，年累计发电量的计算公式如下：

$$Q_L = \sum_{n=1}^{365} Q_{S_i} \times \eta_0 \times \eta_1 \times \eta_2 \times \eta_3 \tag{9-8}$$

式中　Q_{S_i}——为某个朝向、某个角度每平方米第 n 天的辐射的热量，J；

η_0——为光伏电池组转化效率；

η_1——为光伏列阵效率；

η_2——为逆变器效率；

η_3——为交流并网效率。

（1）光伏组件转化效率

表 9-3 给出了部分厂家部分型号在标准检测工况下的组件转化效率。表 9-4 给出了部分项目实测的组件转化效率。从厂家检测报告的数据及实测的数据来看，若没有相关数据，晶硅光伏电池组转换效率可取 15%，薄膜电池组转换效率可取 6%。

部分厂家光伏组件的转换效率　　　　　　　　　　　　　　表 9-3

序号	组件型号	组件类型	转 化 效 率	功率温度系数
1	HRM200P-220	晶硅	15.02%	−0.47%
2	CSP230	晶硅	14.14%	−0.45%
3	STP300-24/Vd	晶硅	15.56%	−0.44%
4	SM-195DC01AT	晶硅	15.25%	−0.45%
5	双结44W	非晶硅	5.56%	−0.24%
6	SERIES(44)	非晶硅	5.5%	−0.19%
7	SG-HN100-GG	非晶硅	6.49%	−0.23%

实测组件转化效率　　　　　　　　　　　　　　　　　　　　表 9-4

序号	组件类型	装机容量	电池片效率	系统效率	总效率
1	单晶硅	50kWp	15.2%	78.9%	12%
2	单晶硅	300kWp	15.8%	82.3%	13%
3	单晶硅	40kWp	14.8%	79%	11.7%
4	多晶硅	1008kWp	13.6%	72.8%	9.9%
5	非晶硅	291kWp	6.9%	50.7%	3.5%

（2）光伏列阵效率 η_1

$$\eta_1 = \eta_d \times \eta_l \times \eta_t \tag{9-9}$$

式中　η_d——太阳辐射损失，表面灰阻挡等因素导致，3%～4%，取 3.5%；

　　　η_l——直流线路损失，光伏组件到控制室传输线的损失，3%～4%，取 3.5%；

　　　η_t——温度损失，太阳能电池温度升高 1℃，效率损失 0.35% 左右，按较不利情况取 10%。

（3）逆变器效率 η_2

$$\eta_2 = \eta_{MPPT} \times \eta_{conv} \tag{9-10}$$

最大功率点跟踪 MPPT 效率

$$\eta_{MPPT} = \frac{P_{dc}}{P_{MPPT}} \tag{9-11}$$

直流交流变化效率

$$\eta_{conv} = \frac{P_{ac}}{P_{dc}} \tag{9-12}$$

表 9-5 给出了部分厂家部分型号逆变器的效率，在 95.4%～97.7% 之间。计算中若无厂家提供的逆变器相关数据，逆变器效率可以取 97%。

部分厂家逆变器最大效率　　　　　　　　　　　　　　　　　表 9-5

序　　号	逆变器型号	最 大 效 率
1	BDE200	95.4%
2	GCL 100-Satcon	96.7%
3	PVS300-TL-3300W-2	97.1%
4	TBEA-GC-20K3	96%
5	Sunny Boy 5000TL	97.7%
6	powador3200	96.4%

（4）交流并网效率 η_3

并网效率是逆变器输出至高压电网的传输效率：

$$\eta_3 = \frac{p_2 + p_{c1} + p_{c2}}{p_1} \tag{9-13}$$

可取 95%。

（5）组件衰减率

组件的老化衰减主要是由于组件电池的缓慢衰减及封装材料的性能退化导致的。电池片破裂，局部过热造成的 EVA 气泡、脱层、背板开裂等都会导致光伏组件效率下降。通常而言组件年衰减率应控制在0.8%以内,但是实际产品的年衰减率往往要大于0.8%。光伏组件的衰减率与产品质量、后期维护保养、当地气候条件均有一定关系。

9.3.3 典型城市计算结果

通过计算分析,在设计合理,设备运转正常的前提下,全国几个典型城市每平方米光伏发电系统的计算结果参见表9-6。按照0.8%的年组件衰减率,计算得到表9-7。

光伏发电系统典型城市计算结果　　　　　　　　　表 9-6

组件类型	安装位置	第一年发电量(kWh/m²)						
		哈尔滨	北京	上海	成都	广州	昆明	拉萨
多晶硅	南向纬度倾角	172.4	179.5	151.4	102.5	132.2	184.5	256.4
	东	80.4	84.0	72.9	48.0	65.3	60.5	114.7
	南	105.6	112.3	79.4	48.3	67.9	100.9	145.2
	西	79.3	84.2	71.9	51.3	63.5	111.0	114.3
	北	23.9	23.9	23.9	23.9	23.9	23.9	23.9
非晶硅	南向纬度倾角	69.0	71.8	60.6	41.0	52.9	73.8	102.6
	东	32.1	33.6	29.2	19.2	26.1	24.2	45.9
	南	42.3	44.9	31.8	19.3	27.1	40.4	58.1
	西	31.7	33.7	28.8	20.5	25.4	44.4	45.7
	北	9.5	9.5	9.6	9.5	9.5	9.5	9.5

光伏发电系统典型城市计算结果 (衰减率0.8%)　　　　表 9-7

组件类型	安装位置	20 年发电量(kWh/m²)						
		哈尔滨	北京	上海	成都	广州	昆明	拉萨
多晶硅	南向纬度倾角	3186.5	3316.4	2797.6	1893.4	2443.2	3409.7	4739.0
	东	1485.1	1552.3	1348.0	886.6	1206.7	1118.1	2120.5
	南	1952.0	2074.8	1466.9	892.8	1254.1	1865.0	2683.7
	西	1465.4	1555.8	1329.4	948.9	1173.3	2050.4	2112.2
	北	440.9	441.0	441.4	441.2	440.9	441.0	441.1
非晶硅	南向纬度倾角	1274.6	1326.6	1119.0	757.4	977.3	1363.9	1895.6
	东	594.0	620.9	539.2	354.7	482.7	447.2	848.2
	南	780.8	829.9	586.8	357.1	501.6	746.0	1073.5
	西	586.1	622.3	531.8	379.6	469.3	820.2	844.9
	北	176.4	176.4	176.6	176.5	176.3	176.4	176.4

9.3.4 计算结果验证

为了验证计算模型的准确性,将计算结果与几个工程项目的实测结果进行了对比验证,具体参见表9-8。从计算结果可以看到:1)晶硅发电的实测值与计算值的偏差较小,最大为15.7%。2)薄膜发电的实测值与设计值的偏差较大,主要原因可能是:计算中没有考虑到周围建筑物的遮挡;实际系统用的薄膜组件的转化效率偏低。

光伏实测结果与计算结果比较　　　　　　　　　　　表 9-8

工程基本信息	系统概况			发电效率测试结果			计算结果	
	安装部位	组件类型	安装面积（m²）	全年累计发电量（kWh）	每平方米光伏系统发电量(kWh/m²)	每平方米光伏系统发电量(kWh/m²)		计算误差
深圳某办公楼	西立面	薄膜	510.6	6882.9	13.5	34.6		156.3%
	屋顶	晶硅	157	27930.8	177.9	159.2		−10.5%
义乌某商贸中心	屋顶	晶硅	9078	1227204.6	135.2	141.6		4.7%
烟台隧道	屋顶	晶硅	708	105000	148.3	171.6		15.7%

9.3.5　计算结果分析

从光伏发电量的计算公式来看，光伏发电的效率主要受到当地的太阳能资源、组件的光电转换效率、太阳能电池的温度、组件衰减率等因素的影响。

当地的太阳能资源对发电量的影响是决定性的。从计算结果可以看到，同样效率的多晶硅组件，同样放置在最佳安装角度，第一年发电量最多的拉萨为 256.4kWh/m²，最少的成都为 102.5 kWh/m²，成都第一年发电量仅为拉萨的 40.0%。同理，安装角度对光伏组件发电量的影响也非常大。以拉萨为例，垂直安装在北立面的光伏组件，发电量不及安装角度为南向纬度倾角的光伏组件发电量的 1/10。

光伏组件的光电转化效率对于发电量的影响接近线性。光伏组件的发电效率是在标准测试状况下（25℃、1000W/m²）测得的物理量。实测过程中，光伏组件的光电转化效率往往都要低于厂家提供数据。原因有两点：1）光伏组件产品本身质量不达标，例如电池片存在隐裂、组件初始光衰减严重。2）光伏组件在自身运行的过程中出现开裂、弯曲，电池出现裂纹，EVA 气泡、发黄等问题导致光伏组件的光电转化效率降低。

太阳能组件的发电效率也受到组件温度的影响，组件温度越高，发电效率越低。不同的光伏组件产品的功率温度系数不同，普遍在−0.19%～0.47%。因此光伏组件置于通风良好的位置有利于提高全年的光伏组件发电效率。组件局部温度过高，可能还会导致EVA 气泡、组件脱层、背板材料开裂最终导致组件锈蚀、EVA 等材料的氧化老化、导致组件效率急剧下降。

组件的衰减率则是对组件全生命周期的发电量有直接影响。随着光伏电池组件生产技术的不断进步，光伏组件的应用得到快速发展，光伏企业对光伏组件的质量保证也由以前的 5 年逐步提高到如今的 25 年。保守估计 20 年的使用寿命，衰减率由 0.8% 降低到 1.2%，光伏系统 20 年的总发电量降低 4.1%。

参 考 文 献

[1] 高立新，陆亚俊. 智能化空调冷负荷计算方法 [N]. 哈尔滨建筑大学学报，2001，34（1）：71-74.

[2] 燕达，朱伟峰，刘昕等. 北京市旅馆类建筑测试与分析_二_水系统现状及分析 [C]. 全国暖通空调制冷 2000 年学术年会论文集，2000：553-556.

[3] 朱伟峰，江亿，薛志峰. 空调冷冻站和空调系统若干常见问题分析 [J]. 暖通空调，2000，30（6）：4-11.

[4] W L Leea，F W H Yika，P Jones，et al. Energy saving by realistic design data for commercial buildings in Hong Kong [J]. Applied Energy，2001，70：59-75.

[5] Tianzhen Hong，S K Chou，T Y Bong. A design day for building load and energy estimation [J]. Building and Environment，1999，34：469-477.

[6] 李娥飞. 暖通空调设计与通病分析 [M]. 第二版. 北京：中国建筑工业出版社，2004：29-30，142-144.

[7] 孙德宇，徐伟，邹瑜，陈曦. 空调冷负荷计算方法及软件比对及改进研究 [J]. 暖通空调，2012，42（7）：54-60.

[8] 都桂梅. 百货商场空调室内计算参数对负荷计算的影响 [J]. 湖南暖通空调，2007，第 1 期：8-12.

[9] 中国建筑科学研究院，中国建筑业协会建筑节能专业委员会. GB 50736—2012 民用建筑供暖通风与空气调节设计规范 [S]. 北京：中国建筑工业出版社，2012.

[10] 中国建筑科学研究院，中国建筑业协会建筑节能专业委员会. GB 50189—2005 公共建筑节能设计标准 [S]. 北京：中国建筑工业出版社，2005.

[11] 北京市建筑设计研究院. 建筑设备专业技术措施 [M]. 北京：中国建筑工业出版社，2006.

[12] 叶大法，杨国荣. 民用建筑空调负荷计算中应考虑的几个问题 [J]. 暖通空调. 2005，35（12）：62-67.

[13] 赵志安，杨纯华. 现代化办公楼空调冷负荷特性及设备选择 [J]. 暖通空调，2002，32（6）：59-61.

[14] Philip C H Yu，W K Chow. Sizing of air-conditioning plant for commercial buildings in Hong Kong [J]. Applied Energy，2009，66：91-103.

[15] 赵波. 大型综合性商业建筑空调设计中几个问题的商榷 [J]. 制冷，2001，20（1）：75-77.

[16] 殷平. 商业建筑空调设计方法 [J]. 暖通空调，1994，3：3-7.

[17] 简毅文，江亿. 住宅室内发热状况调查 [J]. 太阳能学报，2006，27（2）：159-163.

[18] 燕达. 随机室内发热量下空气调节系统模拟分析 [D]. 北京：清华大学，2005.

[19] Gavin Dunn，Ian Knight. Small power equipment loads in UK office environments [J]. Energy and Buildings，3005，37：87-91.

[20] 陆耀庆. 实用供暖空调设计手册 [M]. 第二版. 北京：中国建筑工业出版社，2008：1547-1561.

[21] Zhun（Jerry）Yu，Fariborz Haghighat，Benjamin C M，et al. A novel methodology for knowledge discovery through mining associations between building operational data [J]. Energy and Buildings，2012，47：430-440.

[22] 朱颖心，江亿. 用于空调系统设计的全年双负荷曲线分析法 [J]. 暖通空调，1998，28（4）：

43-46.

［23］ Siriwarin Petcharat，Supachart Chungpaibulpatana，Pattana Rakkwamsuk. Assessment of potential energy saving using cluster analysis A case study of lighting systems in buildings ［J］. Energy and Buildings，2012，52：145-152.

［24］ Eppelheimer DM，Variable flow the quest for system energy efficiency. ASHRAE Transactions，1996，102（1）：673-678.

［25］ 朱伟峰. 空调冷冻水特性研究 ［D］. 北京：清华大学，2002.

［26］ 常晟. 中央空调冷冻水输配系统整体特性研究 ［D］. 北京：清华大学，2013.

［27］ Moses T. Variable－primary flow：important lessons learned. HPAC Engineering，2004，76（7）：40-43.

［28］ 蔡宏武. 实际运行调节下的空调水系统特性研究 ［D］. 北京：清华大学，2009.

［29］ Chan C W H. Optimizing chiller plant control logic. ASHRAE Journal，2006，48（7）：38-42.

［30］ 仇保兴. 发展节能与绿色建筑刻不容缓 ［J］. 中国经济周刊，2005，9：11.

［31］ 清华大学建筑节能研究中心. 中国建筑节能年度发展研究报告 ［M］. 北京：中国建筑工业出版社，2007～2014.

［32］ 张崎，燕达，朱丹丹，刘烨，张野，江亿. 办公建筑室内发热量的空间不均匀特性对空调设计选型的影响分析 ［J］. 中国经济周刊，2005，9：11.